广东省
重点保护野生动植物

主编　邓诗泉　李爱英　胡喻华

南方传媒　广东省地图出版社
·广州·

图书在版编目（CIP）数据

广东省重点保护野生动植物 / 邓诗泉，李爱英，胡喻华主编. —广州：广东省地图出版社，2024.12. — ISBN 978-7-80721-879-1
I. Q958.526.5；Q948.526.5
中国国家版本馆CIP数据核字第2024BZ2649号

策划编辑：杨　芳
责任编辑：蒋美秀　杨　芳
责任校对：陶雪红　黄绮玲

广东省重点保护野生动植物
Guangdong Sheng Zhongdian Baohu Yesheng Dongzhiwu
主编　邓诗泉　李爱英　胡喻华

出版人	李希希		
出　版	广东省地图出版社	电　话	020-87699191
地　址	广州市水荫路35号（510075）	印　刷	珠海市豪迈实业有限公司
发　行	广东省地图出版社	字　数	180千字
开　本	889毫米 × 1194毫米　1/32	版　次	2024年12月第1版
印　张	7.25	印　次	2025年6月第2次印刷
书　号	ISBN 978-7-80721-879-1	定　价	168.00元

本书编委会

策　划：梁晓东

主　编：邓诗泉　李爱英　胡喻华

副主编：陈皓天　查钱慧　王　姣　魏安世

编　委：（按姓氏笔画排序）

丁　丹　马延军　尹志伟　邓冬旺　付海真

乐　平　刘　旭　刘曼红　刘锡辉　杨佐兵

余松柏　张　亮　张春霞　陈晓军　陈容斌

陈锦红　罗钰绚　郑洁玮　屈　明　钟小山

钟玉玲　钟海智　秦　琳　钱诗晨　徐锦前

梁健超　谭锦豪　樊　晶　黎颖卿

编写单位：

广东省林业局

广东省林业调查规划院

绿背姬鹟
Ficedula elisae
许克明 / 摄

前言

在广东省这片古老而富饶的土地上，大自然慷慨馈赠，赋予了无尽的宝藏。这里不仅承载着源远流长的历史文化，还显著地呈现出极为丰富的生物多样性。广东省地处中国南部，位于亚热带地区，气候温暖湿润。得天独厚的自然条件，孕育出无数珍稀的动植物。这些生物不仅是自然界的璀璨瑰宝，更是人类赖以生存与发展的重要根基。

本书致力于向读者介绍广东省内除国家重点保护野生动植物之外的省级重点保护野生动植物。我们期望通过简洁明了的文字描述以及高清精美的动植物图片，让广大读者深入了解这些生物的独特之处以及它们目前所面临的生存挑战。我们衷心希望借助这本书，唤醒公众对生物多样性保护的意识，激发大家积极参与保护行动当中。

在本书的编写过程中，编写团队与动植物保护专家进行了深入的探讨与交流，广泛收集了大量珍贵的第一手资料，力求为读者全方位、多角度地呈现一个丰富多彩的广东动植物世界。

全书主要分为三个部分：

1. 广东省重点保护野生动物：详细介绍2021年7月1日修订的新版《广东省重点保护陆生野生动物名录》中涵盖的146个动物物种，包括哺乳类10种、鸟类107种、爬行类14种、两栖类12种、昆虫类3

种。对于每个物种均给出中文名、学名、别名（若个别物种无别名则不列出）、隶属纲目科、形态特征、生活习性、省内主要分布区域以及鸟类居留型等信息，并附上相应的彩色图片。物种的中文名和学名，参照2021年发布的《广东省重点保护陆生野生动物名录》，其中红嘴鸥、西伯利亚银鸥、牛背鹭、星头啄木鸟的学名，与郑光美主编的《中国鸟类分类与分布名录（第四版）》中的学名存在差异，这些差异在本书中可查询。省内主要分布区域的信息以已有文献记录为基础，参考了近年来动植物保护专家团队最新的调查监测成果以及观鸟爱好者的记录。

2. 广东省重点保护野生植物：详细介绍2023年3月17日修订的新版《广东省重点保护野生植物名录》中涉及的39个物种，其中包括石

松类和蕨类植物1种、裸子植物3种、被子植物35种。对每个物种，都给出濒危状况、形态特征、保护价值、产地与生境等信息。物种的中文名和学名，参照2023年发布的《广东省重点保护野生植物名录》，其中沉水樟、银钟花的学名与学术界最新研究成果推荐的学名存在差异，这些差异在本书中可查询。省内产地信息则参照《广东植物志》《广东省高等植物多样性编目和分布数据集》。

3. 文中精心设置物种的中文名与学名索引，帮助读者快捷、精准地定位目标物种。

在此，我们衷心感谢所有为本书编写提供帮助的专家、学者和工作人员，特别感谢邹发生、李志强、刘阳、华彦、陈红锋、王英强、龚世平、张敏、丁志锋、佟富春等专家老师的审稿及帮助。我们期望本书不仅是一部介绍广东省重点保护野生动植物知识的专著，更能成为激励广大读者自觉投身野生动植物保护行列的号角。

由于编写团队水平有限，书中难免存在疏漏与不足之处，恳请广大读者朋友批评指正。

本书编委会

2024年12月

本书鸟类性别符号说明

♂ 雄性

♀ 雌性

长尾贼鸥

Stercorarius longicaudus

目录

野生动物

哺乳纲

鸟纲

爬行纲

两栖纲

昆虫纲

• 野生植物

红颊獴

Herpestes javanicus

野生
动物
谭耀年 / 摄

印度假吸血蝠

Megaderma lyra

哺乳纲 MAMMALIA

翼手目 CHIROPTERA

假吸血蝠科 Megadermatidae

别名：中国假吸血蝠

吴毅 / 摄

形态特征

体长7～9.5 cm，鼻叶呈卵圆形，两耳在额部上方相连；背部毛发鼠灰棕色；腹部毛发的毛基深灰色，毛尖白色。

生活习性

栖息地类型多样，偏好干旱的环境。以群居方式生活，但不会与其他种类的蝙蝠混群。常在森林的下层区域进行觅食活动，属于肉食性动物，以小型脊椎动物、昆虫等为食。

省内主要分布：汕头、韶关、惠州、清远。

吴毅 / 摄

贵州菊头蝠

Rhinolophus rex

哺乳纲 MAMMALIA
翼手目 CHIROPTERA
菊头蝠科 Rhinolophidae

形态特征

体长约5 cm，鼻叶的马蹄叶很宽，超出鼻部，中间有一道深凹；鞍状叶大且高，基部的翼状侧叶与鼻孔内缘相连，形成杯状；背部毛发棕色，腹部毛发的颜色较背部毛发浅。

生活习性

栖息于岩洞内，有与其他种类的蝙蝠混群的现象。

省内主要分布：韶关、惠州、清远。

吴毅 / 摄

大菊头蝠

Rhinolophus luctus

哺乳纲 MAMMALIA
翼手目 CHIROPTERA
菊头蝠科 Rhinolophidae

形态特征

体长7.5～9.5 cm，是国内体型最大的菊头蝠；马蹄叶前部明显扩张，盖住吻部；鞍状叶基部向两侧明显扩张成翼状，顶叶窄长呈舌状；体毛棕色或烟灰色，毛尖色浅。

生活习性

多独居或成对生活，常栖息于岩洞、矿井或隧道等地，也可见栖息在树洞或厚树皮下方。黄昏时活动，主要捕食昆虫。

省内主要分布：广州、韶关、河源、梅州、惠州、肇庆、清远。

彩蝠

Kerivoula picta

哺乳纲 MAMMALIA
翼手目 CHIROPTERA
蝙蝠科 Vespertilionidae

形态特征

体长4～4.8 cm，耳呈管状；体毛细长柔软，橙黄色；翼膜也呈橙黄色，但指间膜为褐黑色。

生活习性

常栖息于树叶中，鲜艳的体毛颜色与枯叶或花朵融为一体。白天受惊扰时反应较迟钝，飞行时像飞蛾。

省内主要分布：广州、惠州、肇庆。

张礼标 / 摄

红颊獴

Herpestes javanicus

哺乳纲 MAMMALIA
食肉目 CARNIVORA
獴科 Herpestidae
别名：斑点獴、赤面獴

形态特征

体长小于40 cm，为亚洲最小的獴类；耳小而圆，两颊棕红色；体毛粗短，为麻褐色调，全身无斑点或条纹；腹毛污棕色；尾长接近头体长，自尾基部至尾尖逐渐削尖。

生活习性

常见于森林、草地和次生灌丛林等多样生态环境中，偏好居住于洞穴内。多在日间活动，性情凶猛。主要以小型动物为食，甚至敢袭击体型大于自身的动物，尤善捕捉蛇类和鼠类。

省内主要分布：广州、深圳、珠海、韶关、惠州、阳江、湛江、茂名、肇庆、清远。

谭耀年 / 摄

吴福强 / 摄

食蟹獴

Herpestes urva

哺乳纲 MAMMALIA
食肉目 CARNIVORA
獴科 Herpestidae
别名：棕蓑猫

形态特征

体长大于40 cm，体毛长而蓬松，整体毛色呈灰棕褐色；两侧从口角出发，经由颊部、颈侧向后延伸，直到肩部，各有一条白色纵纹；尾短，基部粗大，往后逐渐变细。

生活习性

喜栖息于山林沟谷及溪流两旁的丛林中，尤其是间杂有山坑的密林，洞居。常日间活动，喜黄昏外出觅食，主要以鱼、蟹、蛙、蛇、鼠等为食。

省内主要分布：广州、深圳、汕头、韶关、河源、梅州、惠州、中山、江门、湛江、肇庆、清远、揭阳。

赤麂

Muntiacus vaginalis

哺乳纲 MAMMALIA
偶蹄目 ARTIODACTYLA
鹿科 Cervidae
别名：红麂、黄猄

李成 / 摄

形态特征

体长98～120 cm，肩高50～72 cm，体型大于小麂；有很大的眶下腺；背部毛发红褐色，颈部背面无深色条纹，尾巴下方白色。

生活习性

栖息于山地森林之中，独居或结小群而居。主要以植物的花、芽和叶为食。

省内主要分布： 广州、深圳、汕头、佛山、韶关、河源、梅州、惠州、汕尾、江门、阳江、湛江、茂名、肇庆、清远、潮州、云浮。

李成 / 摄

小麂

Muntiacus reevesi

哺乳纲 MAMMALIA
偶蹄目 ARTIODACTYLA
鹿科 Cervidae
别名：山吠鹿、黄麂、山羌、黄猄

形态特征

体长64～90 cm，肩高40～49 cm，体型小于赤麂；有眶下腺，背部毛发红褐色，颈部背面具一条深色条纹，尾巴下方及腹部白色。

生活习性

常栖息于被灌木覆盖的岩石地带，或开阔的松树、栎树林地。以独居为主，偶尔也会成对出现或结成小群体。以各种植物的花、芽和叶为食。

省内主要分布：广州、韶关、河源、梅州、江门、肇庆、清远。

红背鼯鼠

Petaurista petaurista

哺乳纲 MAMMALIA
啮齿目 RODENTIA
松鼠科 Sciuridae
别名：棕鼯鼠

陈宁 / 摄

形态特征

体长40～52 cm，尾长大于40 cm，颊部和头侧无白色；背部纯红色，无黄色肩斑与深色纹路；尾部颜色较淡，但尖端呈深色或黑色。

生活习性

栖息于常绿阔叶林和针叶林之中，筑巢于较高的树洞中，或是悬崖峭壁的洞窟内。主要在夜间活动，喜在黄昏时鸣叫。一般以杉树的嫩枝和松树的果实、树叶、嫩枝、芽苗等为食。

省内主要分布：韶关、东莞、肇庆、清远。

梁建超 / 摄

中国豪猪

Hystrix hodgsoni

哺乳纲 MAMMALIA
啮齿目 RODENTIA
豪猪科 Hystricidae
别名：豪猪、箭猪

形态特征

体长56～74 cm，全身覆有棘刺，棘刺中空，两端白色，中部黑色；当尾部摇动时，这些棘刺会发出声响；眼、耳很小，颈侧各有一条白色条纹。

生活习性

栖息于森林或开阔的田野地带，常在堤岸或岩石下方挖掘洞穴作为居所。以群居生活为主。夜间为其活跃觅食时段，主要以植物的根茎、树皮、果实以及各类草本植物为食。

省内主要分布：全省广泛分布。

豆雁

Anser fabalis

鸟纲 AVES
雁形目 ANSERIFORMES
鸭科 Anatidae
别名：大雁、东方豆雁、麦鹅

形态特征

体长70～80 cm，整体羽毛呈深灰褐色系；喙长，黑色，具橘黄色斑块；头部扁平，颈长，头部和颈部暗棕色至烟灰色；尾下覆羽和尾缘白色；跗跖橘黄色。

生活习性

繁殖地为泰加林（原指西西伯利亚带有沼泽化的针叶林，现泛指亚寒带的针叶林）。越冬时，集群活动于空旷的荒野、湿地以及稻茬地等区域。

省内主要分布：广州、汕头、韶关、汕尾、江门。

居留型：冬候鸟。

段文科 / 摄

段文科 / 摄

灰雁

Anser anser

鸟纲　AVES
雁形目　ANSERIFORMES
鸭科　Anatidae
别名：红嘴雁

形态特征

体长76~89 cm，整体羽毛呈灰褐色系；喙粉色，上体的体羽灰色，羽缘白色，胸部浅烟褐色，尾下覆羽白色，跗跖粉红色。

生活习性

喜在大面积的沼泽或芦苇茂盛的湖泊进行繁殖。越冬时，会前往宽阔的河流、湖泊和沼泽地带，集群活动。多白天觅食，站在浅水中或于田地、草地取食。

省内主要分布：广州、汕头、韶关、江门。

居留型：冬候鸟。

罗纹鸭

Mareca falcata

鸟纲 AVES
雁形目 ANSERIFORMES
鸭科 Anatidae
别名：镰刀鸭、葭凫、扁头鸭

王朝 / 摄

形态特征

体长46～54 cm。雄鸟头顶栗色；脸部和颈部绿色，有光泽；喉及喙基部白色，颈部有一圈黑色横纹；胸部至胁部布满细密的云状纹；三级飞羽长而弯曲，形似镰刀。雌鸟通体棕褐色为主，喙黑色，头部和颈部羽色略偏白，眼周颜色较深，胁部红棕色。

生活习性

繁殖期喜在多水草的河口、沼泽湿地及池塘活动。非繁殖期多集群栖息于大型浅水水域、稻田及洪泛草甸。常与其他鸭类混群活动。生性羞怯机警。

省内主要分布：广州、深圳、珠海、汕头、梅州、惠州、汕尾、东莞、江门、阳江、湛江、揭阳。

居留型：冬候鸟。

亦冰易冰 / 摄

段文科 / 摄

白眼潜鸭

Aythya nyroca

鸟纲　AVES
雁形目　ANSERIFORMES
鸭科　Anatidae

形态特征

体长33～43 cm，尾下覆羽白色。雄鸟头、颈、胸部及两胁浓栗色，虹膜白色。雌鸟整体呈暗烟褐色，虹膜褐色。

生活习性

喜栖息于水流缓慢的淡水湖泊、池塘、水库等水域环境。多单独活动，也成对或成群活动。擅长潜水，生性羞怯。

省内主要分布：广州、深圳、珠海、汕头、佛山、韶关、肇庆、潮州。

居留型：冬候鸟。

长尾鸭

Clangula hyemalis

鸟纲 AVES

雁形目 ANSERIFORMES

鸭科 Anatidae

省内主要分布：深圳。

居留型：冬候鸟。

♂ 身心灵望 / 摄 ♀ 刘国林 / 摄

形态特征

体长37～60 cm。雄鸟喙上有粉色斑；头顶白色，颊部淡棕色，耳羽深褐色；颈部较短，白色；胸部黑色；肩羽浅灰色，长而下垂；中央尾羽特性延长，深褐色，游泳时尾羽常上翘。雌鸟冬季喙深灰色，无粉色斑；耳羽棕色，头、腹部白色，头顶、胸部及上体深棕色。

生活习性

繁殖于河流纵横的苔原地带。冬季常栖息于远海，偶见于淡水湖泊中。可潜入深水中觅食。

普通秋沙鸭

Mergus merganser

鸟纲 AVES

雁形目 ANSERIFORMES

鸭科 Anatidae

省内主要分布：汕头、韶关。

居留型：冬候鸟。

陈保利 / 摄

形态特征

体长54～68 cm，喙红色，前端黑褐色，细长，上喙更长而具钩；上体深灰色，下体浅灰色。雄鸟无冠羽或不明显；头及背部深绿色，有光泽。雌鸟具冠羽；头及上颈部棕色，与下颈部白色界限分明；颏部白色。

生活习性

喜结群活动，常活跃于界限分明的深水湖泊以及湍急的河流之中，以潜水捕鱼为主要觅食方式。

WOLF草原狼 / 摄

红胸秋沙鸭

Mergus serrator

鸟纲 AVES
雁形目 ANSERIFORMES
鸭科 Anatidae

形态特征

体长52～60 cm，喙红色，细长，微微上扬，具不明显的钩；虹膜红色。雄鸟具冠羽；头及上颈部深绿色，有光泽；下颈部白色；胸部棕色，具深色条纹。雌鸟头颈棕红色，颈部无明显色彩分界。

生活习性

常在海面或近海水体中越冬，偶有进入内陆水域的记录。喜结群活动。以潜水捕鱼为主要觅食方式。

省内主要分布： 深圳、汕头、江门、阳江。

居留型： 冬候鸟。

辞凝玹封恒 / 摄（非繁殖羽）

凤头䴙䴘

Podiceps cristatus

鸟纲 AVES

䴙䴘目 PODICIPEDIFORMES

䴙䴘科 Podicipedidae

别名：冠䴙䴘、浪裹白

形态特征

体长45～51 cm，喙长且尖，从喙基至眼先有一条黑色裸区。繁殖期冠羽尤为显著，呈深色；耳后及颈部具鬓毛状饰羽。

生活习性

常见于水面开阔的湖泊、沼泽、水库、池塘、河流以及沿海地带。多单独或成对活动，有时也会聚集形成松散的大群。

省内主要分布：广州、深圳、珠海、汕头、梅州、惠州、汕尾、东莞、中山、江门、阳江、湛江、肇庆、潮州。

居留型：冬候鸟。

谢智恒 / 摄（繁殖羽）

林晓平 / 摄

短嘴金丝燕

Aerodramus brevirostris

鸟纲 AVES

夜鹰目 CAPRIMULGIFORMES

雨燕科 Apodidae

形态特征

体长13～14 cm，喙黑色，极短；体羽黑褐色，腹部色较浅；两翼长而钝，尾羽略开叉。

生活习性

主要栖息于海拔500～4000 m之间的山崖石灰岩溶洞中，喜集群繁殖于多岩山地的崖壁和洞穴中。在飞行中捕捉食物。

省内主要分布： 广州、深圳、珠海、汕头、韶关、惠州、汕尾、阳江、湛江、肇庆。

居留型： 夏候鸟、旅鸟。

紫金鹃

Chrysococcyx xanthorhynchus

鸟纲 AVES
鹃形目 CUCULIFORMES
杜鹃科 Cuculidae
别名：紫鹃

老年人 / 摄

吕绪 / 摄

形态特征

体长17～18 cm。雄鸟整体羽毛主要呈紫罗兰色；喙黄色，基部红色；眼周有一圈红色的裸皮；腹部白色，具紫色横纹。雌鸟脸、喉及下体白色且密布褐色的细横纹；上体绿褐色；中央尾羽绿色，外侧尾羽黑白条纹相间。

生活习性

栖息于低山常绿阔叶林、山麓平原树林、林缘疏林及灌丛地带。多单独或成对活动，营巢寄生，繁殖时将卵产于太阳鸟等雀形目鸟类的巢中。

省内主要分布：罕见。

居留型：迷鸟。

林学明 / 摄

棕腹鹰鹃

Hierococcyx nisicolor

鸟纲 AVES
鹃形目 CUCULIFORMES
杜鹃科 Cuculidae
别名：棕腹杜鹃、霍氏鹰鹃

形态特征

体长28～30 cm，喙黑色，基部及端部黄色；虹膜红色，眼周黄色；颏具灰色斑，喉白色；头、背部灰色，后颈无白斑或白斑极小；下体具棕粉色纵纹；尾羽具深色横纹，末端红棕色；跗跖黄色。

生活习性

栖息于低海拔阔叶林，生性隐蔽。常单独站立于树冠层，巢寄生。

省内主要分布：全省广泛分布。

居留型：夏候鸟。

白喉斑秧鸡

Rallina eurizonoides

鸟纲 AVES
鹤形目 GRUIFORMES
秧鸡科 Rallidae
别名：灰腿秧鸡

张志民 / 摄

形态特征

体长21～28 cm，整体羽毛偏褐色；喙青灰色，虹膜鲜红色，喉部白灰色，头、颈、前胸呈鲜艳的红褐色；背、两翼及尾深褐色，无斑纹；下胸、腹至臀部密布黑白色横纹；跗跖黑色。

生活习性

通常活动于海拔700 m以下长势良好的林下灌丛、林缘、林中溪流以及红树林、水稻田、山脚高草丛等地。生性羞怯，多在晨昏、阴雨天活动，夜晚鸣叫。

省内主要分布： 广州、深圳、珠海、韶关、河源、惠州、中山、江门、阳江、茂名、肇庆、清远、云浮。

居留型： 夏候鸟、旅鸟。

蒙甲孟 / 摄

红胸田鸡

Zapornia fusca

鸟纲 AVES
鹤形目 GRUIFORMES
秧鸡科 Rallidae
别名：红腹秧鸡

形态特征

体长19～23 cm，整体羽毛呈红褐色；头侧及胸部深棕红色，两翼褐色，跗跖红色。

生活习性

栖息于水田、沼泽、河滩等周边的芦苇丛和草丛中，尤喜稻田和沼泽。生性羞怯，多在晨昏或夜间活动。

省内主要分布：全省广泛分布。

居留型：夏候鸟。

董鸡

Gallicrex cinerea

鸟纲 AVES
鹤形目 GRUIFORMES
秧鸡科 Rallidae
别名：鱼冻鸟

鸟网 / 摄

韩海龙 / 摄

形态特征

体长40～43 cm。雄鸟羽毛主要呈黑色；喙黄绿色，红色额甲长而尖，延伸至头顶；飞羽、覆羽羽缘带锈色；跗跖黄绿色。雌鸟羽毛主要呈黄褐色；喙黄褐色，无特型额甲；翼羽黑褐色，羽缘棕黄色。

生活习性

活动于多芦苇和草丛的沼泽、淹水的高草地、稻田等湿润环境。生性羞怯，多在晨昏或夜间活动单独或成对活动。

省内主要分布：全省广泛分布。

居留型：夏候鸟、旅鸟。

刘明明 / 摄

黑水鸡

Gallinula chloropus

鸟纲 AVES
鹤形目 GRUIFORMES
秧鸡科 Rallidae
别名：红骨顶

形态特征

体长30～38 cm，整体羽毛呈蓝黑色；喙及额甲红色，喙尖淡黄色；虹膜深褐色；两翼深棕色，体侧带白斑；跗跖黄绿色，胫的最上部红色。

生活习性

栖息于各类淡水湿地，尤喜多芦苇等挺水植物的河流沿岸、池塘、沼泽、水库、水沟、稻田等环境。单独或成对活动，也会集小群活动。善游泳及飞行。

省内主要分布：全省广泛分布。

居留型：留鸟、冬候鸟。

蛎鹬

Haematopus ostralegus

鸟纲　AVES

鸻形目　CHARADRIIFORMES

蛎鹬科　Haematopodidae

别名：海喜鹊

省内主要分布：广州、汕头、汕尾、江门、阳江、湛江。

居留型：冬候鸟。

形态特征

体长40～48 cm，喙红色，长直粗壮；虹膜红色；头、胸及上体黑色，下体白色；翅上白斑延伸至初级飞羽；跗跖粉红色。

生活习性

繁殖期出现于河口、近湖泊或海滨草地、田埂等处。越冬时出现于各种礁石海岸或泥滩、沙滩海岸、河口地区，也出现于内陆湖泊。常成群缓慢行走，用喙触探泥质滩涂觅食。

刘明明 / 摄

谢智恒 / 摄

黑翅长脚鹬

Himantopus himantopus

鸟纲 AVES
鸻形目 GHARADRIIFORMES
反嘴鹬科 Recurvirostridae
别名：红腿娘子、高跷鸻

形态特征

体长35～40 cm，喙黑色，细长；头部和上颈部黑白色或全白，上体和两翼黑色，下体白色；跗跖细长，呈粉红色。

生活习性

多栖息于淡水环境，喜湖泊、沼泽，也出现于沿海盐田、虾塘中。可在较深的水中觅食，但不会游泳。

省内主要分布：全省广泛分布。

居留型：夏候鸟、冬候鸟、旅鸟。

反嘴鹬

Recurvirostra avosetta

鸟纲 AVES
鸻形目 GHARADRIIFORMES
反嘴鹬科 Recurvirostridae
别名：翘嘴娘子

形态特征

体长42～45 cm，喙黑色，端部上弯明显；头上部及后颈黑色，两翼有黑色斑，其余部位均为白色。

生活习性

栖息于湖泊、沼泽中，在沙洲、小岛等处筑巢繁殖。迁徙时，可在海面上游泳。集群行动，用喙在水中扫动觅食。

张雪峰 / 摄

省内主要分布：全省广泛分布。

居留型：夏候鸟、冬候鸟、旅鸟。

长嘴剑鸻

Charadrius placidus

鸟纲 AVES
鸻形目 GHARADRIIFORMES
鸻科 Charadriidae

黄成林 / 摄

形态特征

体长19～21 cm，喙黑色，较长；虹膜黑色，具不明显金色眼圈。繁殖期头顶及两翼褐色，喉、上颈及下体白色；具黑色前顶横纹及黑色全胸带；跗跖暗黄色。

生活习性

喜活动于多砾石的山涧溪流。迁徙时，亦见于河流、湖泊、水田、沼泽地、海岸或滩涂等环境。单独或成对活动，很少与其他鸻鹬类混群活动。

省内主要分布：广州、深圳、珠海、汕头、佛山、韶关、河源、惠州、汕尾、江门、阳江、湛江、茂名、肇庆、清远、潮州。

居留型：冬候鸟、旅鸟。

斑尾塍鹬

Limosa lapponica

鸟纲 AVES

鸻形目 GHARADRIIFORMES

鹬科 Scolopacidae

形态特征

体长37～41 cm，喙前段黑色，后段粉色，微微上翘；具显著白色眉纹；上体带灰褐色斑驳，下体胸部沾灰色；腰白色，具黑色细横斑；尾羽具斑驳。繁殖期喙基呈粉色，腹部呈红色。

生活习性

常成群活动于沿海滩涂、河口、海湾、盐田等潮间带，较少至淡水环境。以啄食或探取方式捕食虾蟹、软体动物。

省内主要分布： 广州、深圳、珠海、汕头、惠州、汕尾、中山、江门、阳江、湛江。

居留型： 冬候鸟、旅鸟。

陶小钢 / 摄（非繁殖羽）

形态特征

体长40～46 cm，喙粗壮而下弯，约为头长的1.5倍；头部具有中央贯纹和明显的白色眉纹，贯眼纹黑褐色；下背和腰白色，微缀有黑色横斑。

生活习性

喜沿海滩涂、堤岸、河口、沼泽等湿地，有时也见于草地、耕地。常单独或集小群活动，以啄食方式边走边觅食。

省内主要分布： 广州、深圳、珠海、汕头、佛山、惠州、汕尾、中山、江门、阳江、湛江、茂名、潮州、揭阳。

居留型： 冬候鸟、旅鸟。

中杓鹬

Numenius phaeopus

鸟纲 AVES

鸻形目 GHARADRIIFORMES

鹬科 Scolopacidae

段文科 / 摄

孙忠胜 / 摄（繁殖羽）

红腹滨鹬

Calidris canutus

鸟纲 AVES
鸻形目 GHARADRIIFORMES
鹬科 Scolopacidae

形态特征

体长23~25 cm，喙黑色，与头等长；体羽灰色，略具鳞状斑；胁具深色箭头纹，下体白色。繁殖期头侧及下体呈棕红色，腰白色区域变小，点缀黑斑。

生活习性

活动于沿海沙滩、泥滩、盐田等咸湿地生境。迁徙时，常集大群。生性胆小惧人。觅食时，常频繁将喙插入泥中探寻，主要取食双壳类物种。

孙忠胜 / 摄（非繁殖羽）

省内主要分布：广州、深圳、珠海、汕头、佛山、汕尾、东莞、中山、江门、阳江、湛江、茂名。

居留型：冬候鸟、旅鸟。

三趾鸥

Rissa tridactyla

鸟纲　AVES
鸻形目　CHARADRIIFORMES
鸥科　Laridae

黄成林 / 摄

形态特征

体长37～41 cm，喙黄色，虹膜褐色；头、颈及背部有灰色斑，后颈具有厚且模糊的黑色纹；翼尖黑色，跗跖黑色。

生活习性

夏季活动于近海和海岸水域，冬季也会至淡水湿地。喜在海岸和近海岛屿进行繁殖。常聚集成群在海面上飞翔并觅食，喜跟船飞行。

省内主要分布：广州、深圳、珠海、江门、阳江、湛江。

居留型：冬候鸟。

细嘴鸥

Chroicocephalus genei

鸟纲 AVES

鸻形目 CHARADRIIFORMES

鸥科 Laridae

黄成林 / 摄

形态特征

体长42～47 cm，喙红色，虹膜黄色，颊部耳羽有黑色淡斑，下体略沾粉红色，跗跖深红色。繁殖期颊部耳羽斑较小且淡，部分个体甚至没有。

生活习性

喜活跃于沿海、沼泽、岛屿和咸水湖泊等地，偶见于淡水湖泊和河流。多集小群或大群活动，飞行敏捷。

省内主要分布：汕尾、阳江、湛江。

居留型：冬候鸟、旅鸟。

黄晓东 / 摄（繁殖羽）

渔鸥

Ichthyaetus ichthyaetus

鸟纲　AVES

鸻形目　CHARADRIIFORMES

鸥科　Laridae

形态特征

体长58～67 cm，喙尖端具红色和黑色斑，上下眼睑白色；头白色，仅头顶至眼后残留灰黑色。繁殖期头黑色。

生活习性

主要栖息于海岸、河口、大型湖泊、水库、沼泽等地，尤喜有水生植物的水域。常集群活动。喜在高原湖泊进行繁殖。

才旺南加 / 摄（非繁殖羽）

省内主要分布：广州、深圳、汕头、阳江、湛江、潮州。

居留型：冬候鸟。

诗眼天涯 / 摄（非繁殖羽）

红嘴鸥

Larus ridibundus

鸟纲 AVES
鸻形目 CHARADRIIFORMES
鸥科 Laridae
别名：笑鸥、黑头鸥、水鸽子

谢智恒 / 摄（繁殖羽）

形态特征

体长36～42 cm，喙红色，端部黑色；头白色，眼上部和耳部具深色斑。繁殖期喙全红色，头深褐色，上下眼睑白色。

生活习性

栖息于各类湿地生境，包括城市湖泊。单独或集群活动，振翅较快。

省内主要分布：全省广泛分布。

居留型：冬候鸟、旅鸟。

黑尾鸥

Larus crassirostris

鸟纲 AVES
鸻形目 CHARADRIIFORMES
鸥科 Laridae

谢智恒 / 摄（繁殖羽）

形态特征

体长46～48 cm，头部具有脏色斑纹，喙尖端具有红色和黑色斑，虹膜浅黄色，眼周红色，跗跖黄色。繁殖期头净白色。

生活习性

常松散聚集或成群活动于河口及近海等环境中，喜在海岛上进行繁殖，内陆地区极为罕见。性情较凶猛，常追随船只飞行。

省内主要分布：广州、深圳、珠海、汕头、惠州、汕尾、东莞、中山、江门、阳江、湛江、茂名、潮州、揭阳。

居留型：夏候鸟、冬候鸟、旅鸟。

星草 / 摄（非繁殖羽）

普通海鸥

Larus canus

鸟纲　AVES
鸻形目　CHARADRIIFORMES
鸥科　Laridae
别名：海鸥

海曲老张 / 摄（非繁殖羽）

形态特征

体长44～52 cm，喙黄色，或具有不明显暗斑；虹膜黄色，头、颈部具灰色斑纹，背、肩石板灰色。繁殖期喙无暗斑，头部纯白色，跗跖黄绿色。

生活习性

适应各种湿地环境，常成对或集小群出现于海岸地带，在内陆湖泊也可见到。

陈皓天 / 摄（繁殖羽）

省内主要分布： 广州、深圳、珠海、汕头、汕尾、阳江、湛江、潮州、揭阳。

居留型： 冬候鸟、旅鸟。

灰翅鸥

Larus glaucescens

鸟纲 AVES
鸻形目 CHARADRIIFORMES
鸥科 Laridae

省内主要分布：广州、阳江。

居留型：冬候鸟。

邢福武 / 摄（繁殖羽）

形态特征

体长60～66 cm，喙黄色，下喙具红色斑；虹膜褐色，上体浅灰色，翼尖灰白双色，跗跖粉红色。繁殖期头颈纯白色。

生活习性

栖息于滨海各类生境，集小群或飞行于水面，或静立于海岸边。

小黑背银鸥

Larus fuscus

鸟纲 AVES

鸻形目 CHARADRIIFORMES

鸥科 Laridae

形态特征

体长51～70 cm，喙黄色，下喙具红色斑；头、颈部白色，具棕褐色羽干纹；上体深灰色，跗跖偏黄色。繁殖期头、颈部纯白色，无杂斑。

生活习性

栖息于滨海滩涂、河口等生境，常集群活动。

省内主要分布：广州、深圳、珠海、汕头、惠州、东莞、阳江、湛江。

居留型：冬候鸟、旅鸟。

安雅育 / 摄

曹阳 / 摄

西伯利亚银鸥
Larus smithsonianus

鸟纲　AVES
鸻形目　CHARADRIIFORMES
鸥科　Laridae
别名：织女银鸥

省内主要分布：广州、深圳、珠海、汕头、惠州、汕尾、阳江、湛江、茂名、潮州。

居留型：冬候鸟、旅鸟。

形态特征

体长55～68 cm，喙黄色，下喙具红色斑；虹膜浅黄色，上体灰色，跗跖浅粉色。冬季时头、颈部密布灰褐色细纹。

生活习性

栖息于河流、湖泊、水库等内陆大型水体或滨海海湾、潮间带、礁岩等生境。常集群活动，食性杂。

灰背鸥

Larus schistisagus

鸟纲 AVES
鸻形目 CHARADRIIFORMES
鸥科 Laridae

省内主要分布：汕头、阳江、湛江、潮州、揭阳。

居留型：冬候鸟。

刘爱华 / 摄

形态特征

体长60～67 cm，喙黄色，下喙具红色斑；虹膜黄色；头、颈部白色，具深棕褐色羽干纹；上体深灰色，跗跖深粉色。繁殖期头、颈部纯白色，无杂色纹。

生活习性

多栖息于滨海滩涂、河口等生境。通常单独或集小群活动，常在水体上方飞行或静立于岸边，也会追随船只觅食。

鸥嘴噪鸥

Gelochelidon nilotica

鸟纲 AVES
鸻形目 CHARADRIIFORMES
鸥科 Laridae

省内主要分布：广州、深圳、珠海、汕头、佛山、惠州、汕尾、东莞、中山、江门、阳江、湛江、茂名、潮州、揭阳。

居留型：夏候鸟、冬候鸟。

段文科 / 摄（繁殖羽）

形态特征

体长35～38 cm，喙黑色，比其他燕鸥更粗壮；头顶白色，眼周及耳部具黑斑；翅较长，尾开叉深；跗跖黑色。繁殖期额至枕部黑色。

陶小钢 / 摄（非繁殖羽）

生活习性

多栖息于滨海、河口湿地，也会出现在内陆湖泊、沼泽等地。通常单独或集小群活动，飞行时用喙在滩涂或水面上轻点觅食。

红嘴巨燕鸥

Hydroprogne caspia

鸟纲 AVES
鸻形目 CHARADRIIFORMES
鸥科 Laridae
别名：红嘴巨鸥

郑康华 / 摄（非繁殖羽）

形态特征

体长48～55 cm，具醒目的红色粗喙，端部黑色；略具短冠羽；额和头顶黑褐色，具黑纵纹；尾较短，分叉较深；跗跖黑色。繁殖期额至头顶黑色，无短冠羽。

生活习性

多栖息于滨海、河口湿地，也会出现在内陆湖泊。单独或集小群活动，在水面上来回巡飞，俯冲入水觅食。

省内主要分布： 广州、深圳、珠海、汕头、汕尾、江门、阳江、湛江、茂名、潮州、揭阳。

居留型： 冬候鸟。

源羽自然 / 摄（繁殖羽）

段文科 / 摄

白额燕鸥

Sternula albifrons

鸟纲 AVES
鸻形目 CHARADRIIFORMES
鸥科 Laridae
别名：小燕鸥

省内主要分布： 广州、深圳、珠海、汕头、韶关、惠州、汕尾、中山、江门、阳江、湛江、茂名、肇庆、潮州、揭阳。

居留型： 夏候鸟、冬候鸟、旅鸟。

形态特征

体长20～28 cm，喙黄色，端部黑色；额白色，贯眼纹黑色；跗跖黄色，较短。

生活习性

栖息于各种淡水生境，以及河口、滩涂等区域。飞行速度快，常悬停于空中，随后俯冲入水觅食。

郑康华 / 摄

白腰燕鸥

Onychoprion aleuticus

鸟纲 AVES

鸻形目 CHARADRIIFORMES

鸥科 Laridae

省内主要分布：深圳、汕头、惠州、阳江。

居留型：旅鸟。

形态特征

体长32～34 cm，喙尖，黑色；头顶至枕部黑色，额部白色，具黑色贯眼纹；上体灰色，下体灰白色，尾开叉深；跗跖黑色，较短。

生活习性

主要栖息于海上，休息时立于海面漂浮物上。飞行较轻盈，极少俯冲入水中觅食。

褐翅燕鸥

Onychoprion anaethetus

鸟纲 AVES
鸻形目 CHARADRIIFORMES
鸥科 Laridae

省内主要分布：广州、深圳、珠海、汕头、惠州、汕尾、江门、阳江、湛江、潮州、揭阳。

居留型：夏候鸟。

形态特征

体长36～41 cm，喙黑色，额至枕部黑色，具贯眼纹，白色眉纹明显；上体及翅暗褐色，翅前缘白色；尾开叉深，跗跖黑色。

生活习性

属海洋性鸟类。栖息于海中岛屿、礁岩，也见于海面漂浮物上，常集群活动。

刘思沪 / 摄

粉红燕鸥

Sterna dougallii

鸟纲 AVES

鸻形目 CHARADRIIFORMES

鸥科 Laridae

省内主要分布： 广州、深圳、汕头、惠州、汕尾、阳江、湛江、潮州、揭阳。

居留型： 夏候鸟。

形态特征

体长31～38 cm，喙黑色，额至枕部黑色，胸部淡粉色；尾开叉极深，外侧尾羽延长，尾尖明显超过翅；跗跖粉红色。繁殖期喙基部红色，端部黑色。

生活习性

栖息于海岸、礁岩、海岛或海面上，在海岛或礁岩上繁殖。集群活动。有时会抢夺其他鸥类的食物。

吴福强 / 摄

黑枕燕鸥

Sterna sumatrana

鸟纲 AVES

鸻形目 CHARADRIIFORMES

鸥科 Laridae

段文科 / 摄

形态特征

体长30～35 cm，喙黑色；贯眼纹从近喙基处连至枕部及后颈，呈黑色；尾开叉深；跗跖黑色。

生活习性

栖息于海岸、礁岩或海岛，于无人岛繁殖。集小群在海面迁飞觅食。

省内主要分布： 广州、深圳、珠海、汕头、惠州、汕尾、东莞、中山、江门、阳江、湛江、茂名、潮州、揭阳。

居留型： 夏候鸟。

普通燕鸥

Sterna hirundo

鸟纲 AVES
鸻形目 CHARADRIIFORMES
鸥科 Laridae

形态特征

体长31～38 cm，喙细长，几乎全黑色；额至颈部黑色，背部浅灰色，腹部颜色较浅，跗跖橙红色。繁殖期喙基部红色或橙红色，尖端黑色。

生活习性

栖息于内陆河流、湖泊、沼泽、池塘等淡水生境，也见于滨海、河口湿地。常结成小群活动，于水面上空低飞觅食，会扎入水中捕食。

省内主要分布：广州、深圳、珠海、汕头、佛山、惠州、汕尾、江门、阳江、湛江、肇庆、潮州、揭阳。

居留型：冬候鸟、旅鸟。

段文科 / 摄

灰翅浮鸥

Chlidonias hybrida

鸟纲　AVES

鸻形目　CHARADRIIFORMES

鸥科　Laridae

别名：须浮鸥

李志忠 / 摄（繁殖羽）

形态特征

体长23～28cm，喙暗红色，较普通燕鸥的喙粗短；虹膜褐色，额部白色，头顶仅后部具黑色纵纹，枕部黑色，跗跖红色。繁殖期喙亮红色，额至枕部黑色，胸腹部深灰色。

生活习性

栖息于湖泊、沼泽、池塘、水田等淡水生境，也见于河口、滨海湿地。多成群在多植物覆盖的水面上空飞翔，喙朝下轻点水面觅食。

省内主要分布： 全省广泛分布。

居留型： 旅鸟。

田习文 / 摄（非繁殖羽）

白翅浮鸥

Chlidonias leucopterus

鸟纲 AVES
鸻形目 CHARADRIIFORMES
鸥科 Laridae

李学良 / 摄（繁殖羽）

形态特征

体长20～25 cm，喙黑色，额部偏白色，头顶具黑色纵纹，黑色耳斑延至眼下，背灰色，尾羽灰黑色，跗跖橙红色。繁殖期喙变成红色，头和身体变全黑，翼上覆羽白色，飞羽灰色，外侧初级飞羽深色，腰、尾白色。

生活习性

栖息于河流、湖泊、沼泽、池塘、水田等淡水生境，也见于滨海沼泽。在湖泊和沼泽中的水生植物堆上营巢。常集群活动，用喙轻点水面觅食。

gaventt / 摄（非繁殖羽）

省内主要分布：广州、深圳、珠海、汕头、佛山、惠州、汕尾、中山、江门、阳江、湛江、茂名、潮州、揭阳。

居留型：旅鸟。

中贼鸥

Stercorarius pomarinus

鸟纲 AVES
鸻形目 CHARADRIIFORMES
贼鸥科 Stercorariidae
别名：海乌鸦

省内主要分布：珠海、汕头、惠州。

居留型：旅鸟。

形态特征

体长47～56 cm，喙黑色，虹膜深色；头罩黑褐色，延伸至眼下；胸部具明显的横斑；中央尾羽延长，端部呈勺状。

生活习性

活动范围从海岸至远海海洋，偶见于内陆湖泊、河流。多单独在海面活动，会抢夺其他鸟类的食物，飞行技巧高超。

段文科 / 摄

短尾贼鸥

Stercorarius parasiticus

鸟纲 AVES
鸻形目 CHARADRIIFORMES
贼鸥科 Stercorariidae
别名：白腹贼鸥

鸟林细语 / 摄

形态特征

体长41～55 cm，喙棕褐色，头部具淡棕色头罩；全身除腹部外，具较多棕色横斑；中央尾羽延长，但延长较短，末端尖。繁殖期头罩颜色加深，呈深褐色；胸侧具暗色带，全身无棕色横斑。

生活习性

活动于热带至寒带的海洋，较少到近海和内陆，偶见于淡水湖泊、河流。多单独活动，会抢夺其他鸟类的食物。飞行能力强，常游荡于海面。

省内主要分布：深圳、惠州。

居留型：旅鸟。

田穗兴 / 摄（繁殖羽）

长尾贼鸥

Stercorarius longicaudus

鸟纲 AVES
鸻形目 CHARADRIIFORMES
贼鸥科 Stercorariidae

形态特征

体长48～58 cm，头具淡棕色头罩，全身具淡棕色横斑，外侧两根飞羽上的白色羽轴在飞行时极为明显。繁殖期头罩颜色加深，呈深褐色；中央尾羽特形延长，末端尖。

生活习性

活动于寒带至热带的海洋、河流和湖泊。多单独在海面活动，会抢夺其他鸟类的食物。

省内主要分布：深圳。

居留型：旅鸟。

扁嘴海雀

Synthliboramphus antiquus

鸟纲 AVES
鸻形目 CHARADRIIFORMES
海雀科 Alcidae
别名：短嘴海鸠、古海鸟、海鹌鹑

省内主要分布：深圳、汕头、阳江、潮州。

居留型：旅鸟。

形态特征

体长24～27 cm，喙浅粉色，身体呈纺锤形；头、后颈黑色，背部、尾上部浅灰色，喉、胁、下体白色。繁殖期头黑色，具白色眉纹，胁部变为黑色，背部变为深灰色。

生活习性

繁殖期集群营巢于海岛的坡面及林木附近的岩石缝隙间。非繁殖期通常集小群活动，在外海游荡觅食，偶尔靠近海岸。善于游泳和潜水。

封少林 / 摄（繁殖羽）

长嘴斑海雀

Brachyramphus perdix

鸟纲 AVES
鸻形目 CHARADRIIFORMES
海雀科 Alcidae

省内主要分布：汕尾。

居留型：迷鸟。

形态特征

体长24～26 cm，喙黑色，细长；眼周具不明显的白色眼圈，头罩及上体黑褐色，颏至下体白色。繁殖期胸部具较密黑色横斑，具细长白色肩斑。

生活习性

冬季通常集小群在海洋活动，一般不靠近海岸。善于游泳和潜水。

段文科 / 摄（繁殖羽）

黄曙光 / 摄（非繁殖羽）

红喉潜鸟
Gavia stellata

鸟纲 AVES
潜鸟目 GAVIIFORMES
潜鸟科 Gaviidae

省内主要分布：深圳、汕头。

居留型：冬候鸟。

形态特征

体长53～69 cm，喙相较于其他潜鸟尖细且上翘，头部和颈部大部分为白色，与暗色的冠部和后颈形成对比，背部有白色斑点。繁殖期头颈变灰色，喉具栗红色三角斑，颈侧及胸部具黑白相间的细纵纹，两胁具明显白色斑块。

生活习性

常见于平静的淡水湖泊、河流和水塘，较少出现在咸水水域。多单独或成对在栖息地水域活动，性情平静，较少飞行。

段文科 / 摄

黑叉尾海燕

Hydrobates monorhis

鸟纲 AVES

鹱形目 PROCELLARIIFORMES

海燕科 Hydrobatidae

形态特征

体长18～22 cm，羽毛黑褐色，具较明显的淡灰色翼斑，翼上可见白色初级飞羽羽轴，尾略分叉。

生活习性

见于近海及远洋海面，多在海岸和近海岛屿繁殖。

省内主要分布：深圳、汕头、惠州。

居留型：旅鸟。

大麻鳽

Botaurus stellaris

鸟纲 AVES
鹈形目 PELECANIFORMES
鹭科 Ardeidae
别名：大水骆驼、蒲鸡、大麻鹭

省内主要分布：广州、深圳、珠海、汕头、梅州、惠州、汕尾、东莞、江门、阳江、湛江、肇庆、清远、揭阳。

居留型：冬候鸟。

段文科 / 摄

形态特征

体长64～78 cm，喙黄色，眼下方喙根部有明显的黑色髭纹；虹膜黄色，头顶黑色，颈粗而长，棕褐色体羽遍布黑色条纹，跗跖绿黄色。

生活习性

栖息于河流、湖泊附近的芦苇丛中。生性隐蔽，多在晨昏活动。

東方頌 / 摄

黄斑苇鳽

Ixobrychus sinensis

鸟纲 AVES
鹈形目 PELECANIFORMES
鹭科 Ardeidae
别名：黄苇鳽、黄秧鸡、黄小鹭

省内主要分布： 全省广泛分布。

居留型： 留鸟、夏候鸟、冬候鸟。

形态特征

体长30～40 cm，瞳孔圆形；羽毛呈皮黄色，顶冠近黑色，飞羽黑色；跗跖黄绿色。雌鸟头顶颜色较浅，背部具暗色斑块。

罗柳富 / 摄

生活习性

栖息于茂密的芦苇丛或稻田中。生性隐蔽。

紫背苇鳽

Ixobrychus eurhythmus

鸟纲 AVES
鹈形目 PELECANIFORMES
鹭科 Ardeidae
别名：秋鳽、黄鳝公、秋小鹭、紫小水骆驼

省内主要分布：广州、深圳、珠海、汕头、佛山、韶关、梅州、惠州、汕尾、东莞、中山、江门、阳江、湛江、茂名、肇庆、清远。

居留型：旅鸟。

刘明明 / 摄

天地合一 / 摄

形态特征

体长33～42 cm，瞳孔呈哑铃形，跗跖绿黄色。雄鸟头顶黑色，上体紫栗色；颈及胸白色，喉部深色中线延伸至胸；下体具皮黄色纵纹。雌鸟整体羽毛较暗，背偏暗紫色，具较明显的白色斑点；喉部具多条淡褐色条纹。

生活习性

栖息于茂密的芦苇丛或稻田中。生性隐蔽。

谢智恒 / 摄

栗苇鳽

Ixobrychus cinnamomeus

鸟纲 AVES

鹈形目 PELECANIFORMES

鹭科 Ardeidae

别名：小水骆驼、独春、红小鹭

形态特征

体长40～41 cm，瞳孔近“一”字形，跗跖黄绿色。雄鸟喙黄色，上体全栗色，下体黄褐色，喉及胸具黑色纵纹的喉中线，颈侧具偏白色纵纹。雌鸟上体偏栗红色，背部斑点沾褐色，下体有明显的纵纹，尾羽和飞羽栗红色。

我行我素xys / 摄

生活习性

栖息于茂密的芦苇丛或稻田中。生性隐蔽。

省内主要分布： 全省广泛分布。

居留型： 留鸟、旅鸟。

黑苇鳽

Ixobrychus flavicollis

鸟纲 AVES

鹈形目 PELECANIFORMES

鹭科 Ardeidae

别名：黑鳽、乌鹭、黑长脚鹭鸶

形态特征

体长54～66 cm。雄鸟通体黑色，颈侧橙黄色，胸和颈部黑褐色，具细纹及长的白色纵纹。雌鸟整体偏暗褐色，下体白色较多。

生活习性

活动于低山、丘陵地带的溪边、湖泊、水塘、芦苇、沼泽、水田、红树林和竹林。营巢于水域岸边的芦苇丛、水边灌丛、柳树或竹林中。生性羞怯，常单独活动，多在晨昏及夜间觅食。

省内主要分布：广州、深圳、珠海、汕头、佛山、韶关、梅州、东莞、阳江、湛江、茂名、清远。

居留型：旅鸟。

刘爱华 / 摄

绿鹭

Butorides striata

鸟纲 AVES

鹈形目 PELECANIFORMES

鹭科 Ardeidae

别名：绿鹭鸶、绿蓑鹭

陈月 / 摄

形态特征

体长35～48 cm，喙黑色，眼先及眼圈明黄色；头顶绿黑色，颈侧灰色，下体白色；两翼及尾部青蓝色，具绿色光泽，羽缘皮黄色。

生活习性

活动于山间河流、周边植被丰富的水库或湖泊、红树林。生性谨慎，容易受惊扰，常在晨昏活动。

省内主要分布：全省广泛分布。

居留型：留鸟、夏候鸟、冬候鸟。

夜鹭

Nycticorax nycticorax

鸟纲 AVES
鹈形目 PELECANIFORMES
鹭科 Ardeidae
别名：夜游鹤、水洼子、灰洼子、苍鳽

省内主要分布： 全省广泛分布。

居留型： 留鸟、夏候鸟、冬候鸟。

形态特征

体长58～65 cm，喙黑色，虹膜红色，头顶和背羽黑绿色，翅膀铅灰色，腹部白色，跗跖黄色。繁殖期枕后有两至三条白色细长的饰羽。

生活习性

适应溪流、沼泽、浅水湖泊、人工池塘和红树林等各种湿地环境。集群繁殖，筑巢于树上。独居或群居。生性不惧人，昼夜均可捕食。

段文科 / 摄

池鹭

Ardeola bacchus

鸟纲 AVES
鹈形目 PELECANIFORMES
鹭科 Ardeidae
别名：红毛鹭、中国池鹭、红头鹭鸶、沼鹭

段文科 / 摄（繁殖羽）

古岭 / 摄（非繁殖羽）

省内主要分布：全省广泛分布。

居留型：留鸟、夏候鸟、冬候鸟。

形态特征

体长42～52 cm，喙基部至眼周为黄色，端部黑色；头颈及上胸具密集的褐色条纹，背部暗黄褐色。繁殖期头颈及胸部棕红色，背部蓝黑色，飞行时可见双翼有明显的白色。

生活习性

适应各种湿地环境。单独或集小群活动。生性不惧人，与其他鸟类混群活动。

牛背鹭

Bubulcus ibis

鸟纲 AVES
鹈形目 PELECANIFORMES
鹭科 Ardeidae
别名：黄头鹭、畜鹭、放牛郎

褪色铜像 / 摄（繁殖羽）

形态特征

体长46～53 cm，喙黄色，虹膜黄色，跗跖黑色。繁殖期喙基部粉红色，头、颈、胸、背部具橙色饰羽，跗跖粉红色。飞行时颈部缩成“S”形，比白鹭略粗。

生活习性

栖息于平原或低山的各类湿地，以及牧场和农田。常集群营巢于高大乔木上。生性不惧人，常站在牛背上或跟随在耕田的牛后啄食其翻出来的昆虫和牛背上的寄生虫，并因此得名。

省内主要分布：全省广泛分布。

居留型：留鸟、冬候鸟、旅鸟。

大民 / 摄（非繁殖羽）

苍鹭

Ardea cinerea

鸟纲 AVES
鹈形目 PELECANIFORMES
鹭科 Ardeidae
别名：灰鹳、青庄、老等、灰鹭

省内主要分布： 全省广泛分布。

居留型： 夏候鸟、冬候鸟、旅鸟。

段文科 / 摄

形态特征

体长92～99 cm，喙橘黄色，虹膜黄色，具黑色的辫状冠羽，颈中央具黑色纵纹，飞羽黑色，跗跖黄色偏黑。飞行时颈部缩成“S”形。

生活习性

栖息于河流、湖泊、滩涂及稻田等多种湿地，在湿地附近岩壁或树上集群营巢。常长时间站立于浅水中等待捕食机会。

谢智恒 / 摄

草鹭

Ardea purpurea

鸟纲 AVES
鹈形目 PELECANIFORMES
鹭科 Ardeidae
别名：草当、花洼子、黄庄

形态特征

体长84～97 cm，喙黄褐色，虹膜黄色；头顶蓝黑色，具两枚灰黑色长辫状冠羽；颈棕栗色，细长，颈侧具黑色长纵纹；背羽、覆羽灰色，飞羽黑色。

生活习性

栖息于平原和低山丘陵的开阔水域，多在芦苇等水生植物丰富的地方活动。结大群营巢。一般单独觅食，可长时间单脚站立静候鱼群。

省内主要分布：全省广泛分布。

居留型：冬候鸟、旅鸟。

陈月 / 摄

大白鹭

Ardea alba

鸟纲 AVES

鹈形目 PELECANIFORMES

鹭科 Ardeidae

别名：白鹭鸶、鹭鸶、白漂鸟

省内主要分布：全省广泛分布。

居留型：留鸟、冬候鸟、旅鸟。

形态特征

体长90～98 cm，喙橙黄色，嘴裂超过眼睛；眼先青绿色，跗跖黑色。繁殖期喙黑色，脸颊皮肤蓝绿色。飞行时颈部缩成“S”形。

生活习性

栖息于平原或低山丘陵的开阔湿地，单独或结成小群活动。常静立于水中等待食物，或在浅水边缓慢行走边啄食。

中白鹭

Ardea intermedia

鸟纲 AVES
鹈形目 PELECANIFORMES
鹭科 Ardeidae
别名：春锄

省内主要分布：全省广泛分布。

居留型：夏候鸟、冬候鸟、旅鸟。

形态特征

体长62～70 cm，喙黄色，端部黑色，嘴裂未延伸至眼后；眼先黄色，跗跖黑色。繁殖期喙和跗跖短期呈粉红色，脸颊皮肤灰色，背部及胸部有松软的长丝状饰羽。飞行时颈部缩成“S”形。

生活习性

栖息于湖泊、沼泽、水田及海岸等各类湿地。营巢于高大乔木上。行走缓慢，飞行从容。

陈玉平 / 摄

刘明明 / 摄

白鹭

Egretta garzetta

鸟纲 AVES
鹈形目 PELECANIFORMES
鹭科 Ardeidae
别名：小白鹭、白鹭鸶、白翎鸶

省内主要分布：全省广泛分布。

居留型：留鸟、冬候鸟、旅鸟。

形态特征

体长55～68 cm，喙黑色，眼先黄绿色，跗跖黑色，趾黄色。繁殖期下喙黄色，颈背具细长饰羽，背及胸具蓑状羽。飞行时颈部缩成“S”形，比牛背鹭纤细。

生活习性

栖息于湖泊、沼泽、稻田等各类湿地。营巢于高大乔木上。

三宝鸟

Eurystomus orientalis

鸟纲 AVES
佛法僧目 CORACIIFORMES
佛法僧科 Coraciidae
别名：老鸹翠、宽嘴佛法僧、东方宽嘴转鸟

省内主要分布：广州、深圳、珠海、汕头、佛山、韶关、河源、梅州、惠州、阳江、湛江、茂名、肇庆、清远、潮州、云浮。

居留型：留鸟、夏候鸟。

段文科 / 摄

形态特征

体长26～32 cm，整体羽毛呈暗蓝绿色；喙红色，较粗短开阔；跗趾红色。飞行时可见初级飞羽基部有一大块浅白色斑块。

生活习性

喜栖息于中低海拔森林的林缘开阔区域，单独或成对活动。

蓝翡翠

Halcyon pileata

鸟纲 AVES
佛法僧目 CORACIIFORMES
翠鸟科 Alcedinidae
别名：蓝袍鱼狗、蓝鱼狗、黑帽鱼狗

段文科 / 摄

形态特征

体长26～31 cm，喙红色，粗壮；头部黑色，颈部和胸部白色，两翼蓝黑色，两胁及臀栗黄色。飞行时白色翼斑明显。

生活习性

栖息于平原与低山地区的河流、水库等湿地环境。在岸边土洞中营巢。常在水边树枝上伺机捕食。

省内主要分布： 广州、深圳、珠海、汕头、佛山、韶关、河源、梅州、惠州、汕尾、中山、江门、阳江、湛江、茂名、肇庆、清远、揭阳、云浮。

居留型： 留鸟。

谢智恒 / 摄

冠鱼狗

Megaceryle lugubris

鸟纲　AVES
佛法僧目　CORACIIFORMES
翠鸟科　Alcedinidae
别名：花斑钓鱼郎、冠翠鸟

省内主要分布：广州、汕头、佛山、韶关、梅州、惠州、江门、肇庆、清远、潮州。

居留型：留鸟。

形态特征

体长37～42 cm，喙黑色，尖端色浅；具发达羽冠，颊部具大块白斑；整体羽毛呈黑白星点配色，雄性胸部沾棕色。

生活习性

喜流速快、多砾石的清澈河流。在河湖岸边、田埂等处挖洞筑巢。常立于水边矮树或大块岩石上觅食，一旦发现食物，便迅速俯冲入水中捕食。

陈月 / 摄

斑鱼狗

Ceryle rudis

鸟纲 AVES
佛法僧目 CORACIIFORMES
翠鸟科 Alcedinidae
别名：花斑钓鱼郎、小啄鱼、小花鱼狗

省内主要分布：全省广泛分布。

居留型：留鸟。

形态特征

体长27～31 cm，整体羽毛呈黑白色；喙黑色，羽冠不发达，具宽黑色贯眼纹。雄鸟具有两条黑色胸带，而雌鸟仅具一条胸带。

生活习性

栖息于平原及低山区域的溪流、湖泊等地。在岸边土洞中营巢。常贴近水面，以低速往复飞行的方式觅食。

杨惠东 / 摄

黄纹拟啄木鸟

Psilopogon faiostrictus

鸟纲 AVES

啄木鸟目 PICIFORMES

拟啄木鸟科 Capitonidae

别名：嗦打木、黄啄木、火老鸦

形态特征

体长24～27 cm，整体羽毛呈绿色系；喙黑灰色，虹膜褐色；头部具深色纵纹，脸颊和耳羽绿色，颈侧具红色斑。

生活习性

活动于低山和平原的常绿阔叶林、疏林及次生林中，单独或成对活动于开阔林地。

省内主要分布：湛江。

居留型：留鸟。

斑姬啄木鸟

Picumnus innominatus

鸟纲 AVES
啄木鸟目 PICIFORMES
啄木鸟科 Picidae

形态特征

体长9～10 cm，喙短，黑色；具白色眉纹，上体绿中带棕，胸部具棕褐色斑点。雄鸟头部棕色，雌鸟头部偏绿色。

生活习性

常于山脚平原、低山丘陵地带的常绿阔叶林活动，尤喜开阔地带的稀疏林地、竹林和林缘灌丛等环境。通常营巢于树洞中。喜加入鸟浪中与多种小型雀形目鸟类混群活动。

省内主要分布： 广州、深圳、汕头、佛山、韶关、河源、梅州、惠州、东莞、江门、阳江、湛江、茂名、肇庆、清远、潮州、揭阳、云浮。

居留型： 留鸟。

挥戈跃马 / 摄

白眉棕啄木鸟

Sasia ochracea

鸟纲　AVES
啄木鸟目　PICIFORMES
啄木鸟科　Picedae

成都老伍 / 摄

形态特征

体长8～9 cm，喙近黑色，较斑姬啄木鸟粗；头部及双翅橄榄绿色，具较短白色眉纹，颈部、上背和下体棕色，跗跖黄色，仅三趾。雄鸟前额亮黄色。

生活习性

常栖息于低山丘陵、山脚平原地带的常绿阔叶林、竹林、稀疏林地、灌丛，喜欢在低矮树木或较高的灌丛中活动，有时也会在河滩芦苇丛、甘蔗地活动。在树洞中营巢。常在树枝上攀爬觅食，很少到地面取食。

省内主要分布：肇庆。

居留型：留鸟。

星头啄木鸟

Dendrocopos canicapillus

鸟纲 AVES

啄木鸟目 PICIFORMES

啄木鸟科 Picedae

别名：北啄木鸟、红星头啄打木、红星啄木

双木水泽 / 摄

省内主要分布： 广州、深圳、韶关、河源、梅州、惠州、肇庆、清远、潮州、云浮。

居留型： 留鸟。

形态特征

体长14～17 cm，喙黑色，基部黄色延伸至喉部与胸部；额部至后颈黑色，眼周至颈侧白色，背部具白色斑块。雄鸟头顶具小块红斑。

生活习性

常栖息于平原及山地环境中的森林、城市公园、果园，也见于人工林及村落附近。通常在树洞中营巢。常单独或成对活动，偏好于乔木的中上部活动。常在树枝上攀爬觅食，偶尔到地面取食。

张剑辉 / 摄

思考 / 摄

大斑啄木鸟

Dendrocopos major

鸟纲　AVES
啄木鸟目　PICIFORMES
啄木鸟科　Picedae
别名：赤鴷、臭嗱打木

省内主要分布：广州、深圳、韶关、梅州、惠州、东莞、湛江、茂名、肇庆、清远。

居留型：留鸟。

形态特征

体长20～25 cm，整体配色为黑白相间；颈侧具“X”形黑色条纹，有显著的白色肩斑，翼和尾部有黑白相间的条纹，下腹部及尾下鲜红色。雄鸟枕部红色，雌鸟枕部黑色。

生活习性

栖息于平原、丘陵和山地的阔叶林及城市园林等处。在树干凿洞营巢。飞行时速度较慢且上下起伏。善于取食树皮下面的昆虫。

李良英 / 摄

栗啄木鸟

Micropternus brachyurus

鸟纲 AVES
啄木鸟目 PICIFORMES
啄木鸟科 Picedae

厦门觉晓 / 摄

形态特征

体长21～24 cm，整体羽毛呈红褐色；喙黑色，喉部具黑色斑点，背部、两翼及尾羽密布黑色纵纹。雄鸟颊部有红色斑块。

生活习性

栖息于海拔1500 m以下的山地阔叶林及竹林。成对或集小群活动，有时也会与其他鸟类混群活动。常在有蚁穴的地方活动，主要以蚂蚁为食。

省内主要分布： 广州、汕头、韶关、河源、梅州、惠州、汕尾、肇庆、清远、潮州、揭阳。

居留型： 留鸟。

灰头绿啄木鸟

Picus canus

鸟纲 AVES
啄木鸟目 PICIFORMES
啄木鸟科 Picedae
别名：黑枕绿啄木鸟、香啼打木、火老鸦

吴永斌 / 摄

张剑辉 / 摄

形态特征

体长26～31 cm，喙灰黑色，颊及喉部灰色，胸腹部绿色。雄鸟额部红色，头顶后部至枕部黑色。雌鸟额部灰色，具黑色斑点。

生活习性

栖息于中低海拔森林的林缘地带，以及农田村庄附近的树林、城市绿地和园林。常在树干中下部活动，主要以昆虫为食，也食浆果和种子。

省内主要分布： 广州、汕头、韶关、河源、梅州、惠州、阳江、茂名、肇庆、清远、云浮。

居留型： 留鸟。

难得糊涂8103 / 摄

竹啄木鸟

Gecinulus grantia

鸟纲 AVES
啄木鸟目 PICIFORMES
啄木鸟科 Picedae

形态特征

体长23～25 cm，喙白色泛蓝，头部灰绿色；两翼棕褐色，具淡褐色横斑。雄鸟头顶具淡红色斑块。

生活习性

栖息于海拔1200 m以下的竹林或有竹林的混交林。多在森林下层成对或集小群活动，取食蚂蚁、甲虫以及昆虫幼虫等。

鸟林细语 / 摄

省内主要分布：韶关、阳江、清远。

居留型：留鸟。

陈玉平 / 摄

鸟林细语 / 摄

黄嘴栗啄木鸟

Blythipicus pyrrhotis

鸟纲 AVES
啄木鸟目 PICIFORMES
啄木鸟科 Picedae
别名：黄嘴红啄

形态特征

体长25~32 cm，喙黄色；两翅棕褐色，布满黑色斑纹。雄鸟后枕具红色斑块。

生活习性

栖息于海拔2000 m以下的山地阔叶林，冬季迁徙到低海拔地区。活动时比较吵闹，发出鸣叫，常与其他鸟类混群活动。以多种昆虫为食，偶尔也吃浆果。

省内主要分布： 广州、深圳、佛山、韶关、河源、梅州、惠州、汕尾、东莞、阳江、茂名、肇庆、清远、潮州、云浮。

居留型： 留鸟。

闲庭信步*YES* / 摄

江河人家 / 摄

寿带

Terpsiphone incei

鸟纲 AVES

雀形目 PASSERIFORMES

王鹟科 Monarchindae

别名：白带子、长尾翁

形态特征

体长22～42 cm，头部闪耀着黑色光泽，眼圈钴蓝色。雄鸟具一对特形延长的中央尾羽，可超过25 cm，有两种色型：白色型，头部以下通体白色；红色型，上体及尾部赤褐色，下体接近灰色。

生活习性

栖息于低山的常绿阔叶林，活动范围高可至海拔1200 m。繁殖期多在靠近水源的林地中营巢。常单独或成对活动，通常在森林的中上层觅食，从栖息处飞出捕捉昆虫，有时也会到森林的底层觅食。

邢福武 / 摄

省内主要分布：广州、深圳、珠海、汕头、佛山、韶关、梅州、惠州、东莞、江门、阳江、湛江、茂名、肇庆、清远、潮州、云浮。

居留型：夏候鸟、旅鸟。

zyn4 / 摄

紫寿带

Terpsiphone atrocaudata

鸟纲 AVES
雀形目 PASSERIFORMES
王鹟科 Monarchindae
别名：紫长尾、紫带子

省内主要分布：广州、深圳、珠海、汕头、佛山、韶关、江门、阳江、茂名、肇庆、潮州。

居留型：旅鸟。

形态特征

体长18~40 cm，头至胸部黑色，背部紫色，腹部与尾下覆羽灰白色。雄鸟具一对特形延长的中央尾羽，深蓝黑色，可超过25 cm。

生活习性

迁徙时多见于沿海地区的防风林或苗圃。单独或成对活动，通常在森林的中上层觅食，有时也会到森林的底层觅食。

刘爱华 / 摄

牛头伯劳

Lanius bucephalus

鸟纲 AVES
雀形目 PASSERIFORMES
伯劳科 Laniidae
别名：红头伯劳

黄晓东 / 摄

石头巷 / 摄

形态特征

体长19～20 cm，虹膜褐色，头部棕色，背部灰色，飞羽上具一白色斑块，下体具细密横纹。雄鸟具黑色过眼纹，眉纹白色。雌鸟过眼纹颜色淡，呈褐色。

生活习性

在低海拔的山地林缘、郊野及乡村活动，能适应次生植被及农田环境。通常单独或成对活动。肉食性，主要以无脊椎动物为食，也食植物种子。觅食时，会停歇在树枝、电线、围墙等高处观察，一旦发现猎物，迅速扑抓。

省内主要分布： 广州、深圳、汕头、佛山、韶关、河源、中山、江门、湛江、茂名、肇庆、清远、潮州、揭阳。

居留型： 冬候鸟、旅鸟。

栗背伯劳

Lanius collurioides

鸟纲 AVES
雀形目 PASSERIFORMES
伯劳科 Laniidae

形态特征

体长19～21 cm，喙深灰色。雄鸟头枕部深灰色，具黑色过眼纹；背及腰栗红色，具白色小翅斑，外侧尾羽白色，尾较棕背伯劳短。雌鸟上体羽色比雄鸟更浅，眼先或额部沾白色。

生活习性

栖息于中低海拔的开阔林地，也见于公园绿地、农田旁的林木灌丛。单独或成对活动，常立于树枝或电线上，等候捕食昆虫。

省内主要分布：广州、深圳、珠海、佛山、河源、梅州、江门、湛江、肇庆、清远、潮州、揭阳、云浮。

居留型：留鸟。

郑康华 / 摄

白颈鸦

Corvus pectoralis

鸟纲　AVES
雀形目　PASSERIFORMES
鸦科　Corvidae
别名：白颈乌鸦

张宏建 / 摄

形态特征

体长47～55 cm，喙黑色，粗壮；颈背及胸带白色，其余部位全黑色。

生活习性

在开阔的低地活动，如河滩、农田、村庄边缘等地，偏爱近水域的区域。生性机警，攻击性比大嘴乌鸦弱。

省内主要分布： 广州、深圳、珠海、汕头、佛山、韶关、河源、梅州、惠州、汕尾、东莞、江门、阳江、茂名、肇庆、清远、云浮。

居留型： 留鸟。

杂色山雀

Sittiparus varius

鸟纲 AVES
雀形目 PASSERIFORMES
山雀科 Paridae
别名：赤腹山雀

形态特征

体长12～14 cm，额、眼先及脸颊乳黄色，喉和上胸间具不规则乳黄色斑；上背栗色斑较大，下体棕红色。

生活习性

栖息于中低海拔的各类林地。集小群活动于树间，也与其他山雀混群活动。

省内主要分布：深圳、韶关。

居留型：留鸟、旅鸟。

段文科 / 摄

小云雀

Alauda gulgula

鸟纲 AVES

雀形目 PASSERIFORMES

百灵科 Alaudidae

别名：百灵、大鹨、天鹨

段文科 / 摄

形态特征

体长14～16 cm，全身褐色斑驳，形似鹨，略具浅色眉纹及羽冠，喙比鹨厚重；体型比云雀小，初级飞羽、尾也较短。

生活习性

主要栖息于开阔的平原、草地、低山平地、河边、沙滩、草丛、荒山坡、农田、荒地以及沿海平原等区域。繁殖期成对活动，其余时间多成群活动。善于奔跑，主要在地面活动，常从地面突然起飞。

省内主要分布： 广州、深圳、珠海、汕头、佛山、韶关、河源、梅州、惠州、汕尾、东莞、中山、阳江、湛江、茂名、清远、潮州、揭阳、云浮。

居留型： 留鸟。

矛斑蝗莺

Locustella lanceolata

鸟纲 AVES

雀形目 PASSERIFORMES

蝗莺科 Locustellidae

别名：黑纹蝗莺

省内主要分布：广州、深圳、珠海、韶关、阳江、湛江、肇庆、清远。

居留型：旅鸟。

形态特征

体长12～13.5 cm，上喙黑褐色，下喙黄褐色；眉纹皮黄色；体色较深，呈橄榄褐色，密布黑褐色纵纹和纵斑；跗跖粉色。

生活习性

活动于近水域或沼泽的芦苇丛、灌丛。生性隐蔽，常安静地在灌丛或林下层穿行，受惊时会惊飞数米后迅速遁入草丛，在地面走动迅速似鼠类。

张玉成 / 摄

闫叙力 / 摄

东亚蝗莺

Locustella pleskei

鸟纲 AVES
雀形目 PASSERIFORMES
蝗莺科 Locustellidae
别名：史氏蝗莺

省内主要分布：广州、深圳、珠海、汕头。

居留型：冬候鸟、旅鸟。

形态特征

体长16～17 cm，喙灰褐色，狭长；眉纹皮黄色，喉、胸及腹部污白色，上体灰褐色，背部无明显纵纹或斑点；体型较北蝗莺略大，喙、跗跖和尾略长。

生活习性

繁殖期栖息于海岛林地周边的灌丛、草丛或树丛，迁徙时活动于近海岸的灌丛、草丛或红树林区域。常单独或成对活动，生性隐蔽，通常在靠近地面的浓密的植被中活动。

莫建平 / 摄

中华草鹛

Graminicola striatus

鸟纲 AVES
雀形目 PASSERIFORMES
幽鹛科 Pellorneidae
别名：大草莺

形态特征

体长16～18 cm，上喙黑色或灰色，下喙肉粉色；虹膜暗红色；整体羽毛呈棕褐色，顶冠至背部具粗重的黑褐色斑纹，尾羽长；跗跖强壮，粉色至肉色。

生活习性

活动于海拔900 m以下的山地灌草丛、潮湿草地、芦苇沼泽地或其他类型灌丛，喜莎草科或禾本科植物，常隐蔽在其中，不易被发现。通常单独出现，偶尔成对或集小群活动。

省内主要分布：深圳、韶关、阳江、肇庆、清远、云浮。

居留型：留鸟。

金色鸦雀

Suthora verreauxi

鸟纲 AVES
雀形目 PASSERIFORMES
莺鹛科 Sylviidae

邓泽林 / 摄

形态特征

体长9～11 cm，喙铅灰色，下喙较浅，至灰粉色；头顶橘黄色，耳羽黄灰色，眉纹白色较短；喉部中央黑色，下缘灰色；腹部中央白色，两胁暖栗色；跗趾粉色至灰粉色。

生活习性

出没于中低海拔的阔叶林、混交林下的竹林和灌丛。冬季集群活动于林下，喧闹而易被发现，常与其他小型鹛类混群活动。

省内主要分布： 韶关、清远。

居留型： 留鸟。

白眉地鸫

Geokichla sibirica

鸟纲 AVES
雀形目 PASSERIFORMES
鸫科 Turdidae
别名：白眉麦鸡、西伯利亚地鸫、地穿草鸫

形态特征

体长20～23 cm。雄鸟全身近黑色，白色眉纹显著，尾下具白色横斑。雌鸟眉纹较雄鸟细，皮黄色；颊纹长，髭纹暗棕色，浅色翼斑不明显，胸、腹、胁部具鳞状斑。

生活习性

迁徙时出现于各类林地及林缘地带，通常单独或成对活动。繁殖于河谷地区，多选择下层植被较好的针叶林或针阔混交林，很少在阔叶纯林内出现。性情比较安静、隐蔽，于地面或低处觅食。

省内主要分布：广州、珠海、韶关、惠州、中山、江门、阳江、肇庆。

居留型：冬候鸟、旅鸟。

陈克军／摄

澳門小民／摄

成都老伍 / 摄

黑胸鸫

Turdus dissimilis

鸟纲 AVES
雀形目 PASSERIFORMES
鸫科 Turdidae

形态特征

体长22～24 cm，喙黄色，跗跖橘黄色。雄鸟头胸部黑色，胸腹部橙色，尾下覆羽白色。雌鸟头胸橄榄灰色，胸具点斑，向下逐渐变为箭头形状。

生活习性

栖息于低山丘陵地带的潮湿区域以及林下植被繁茂的阔叶林、针阔混交林。冬季会进入村庄、公园。繁殖期生性谨慎，非繁殖期大胆活跃，甚至会出现在路边。常在树下或灌丛觅食。

省内主要分布：湛江。

居留型：迷鸟。

段文科 / 摄

赤胸鸫

Turdus chrysolaus

鸟纲　AVES

雀形目　PASSERIFORMES

鸫科　Turdidae

别名：红腹鸫、日本褐色鸫、赤腹鸫

卢天民 / 摄

刘爱华 / 摄

形态特征

体长23～34 cm，头及上体棕色，背部褐色，腹部、尾下覆羽白色，胁部橙色。雄鸟脸颊、喉部及胸部黑色。雌鸟喉部白色。

生活习性

繁殖于针阔混交林、亚高山针叶林，冬季现身于林地、公园。生性谨慎，常藏身于林下灌丛中，在杂草丛或灌丛间活动，有时会与白眉鸫等混群活动。

省内主要分布：广州、深圳、珠海、汕头。

居留型：冬候鸟、旅鸟。

澳門小民 / 摄

日本歌鸲

Larvivora akahige

鸟纲 AVES
雀形目 PASSERIFORMES
鹟科 Muscicapidae

省内主要分布：广州、深圳、珠海、佛山、韶关、河源、汕尾、茂名、肇庆。

居留型：冬候鸟、旅鸟。

形态特征

体长13～15 cm。雄鸟脸及喉橘红色，具近黑色胸带，胸及两胁灰色。雌鸟似雄鸟但颜色淡，两胁灰褐色。

生活习性

栖息于低山地区、城市公园或沿海林地。常单独或成对活动，主要为地栖性，多在林下灌丛的地面处活动，善于在地面快速奔走，较少在树上活动。

湘巴佬 / 摄

绿背姬鹟

Ficedula elisae

鸟纲 AVES

雀形目 PASSERIFORMES

鹟科 Muscicapidae

别名：中华姬鹟

柳勇 / 摄

省内主要分布：广州、深圳、珠海、佛山、肇庆。

居留型：旅鸟。

形态特征

体长12～14 cm。雄鸟头、背绿色，具黄绿色眉纹；翼、尾黑色，具白色翼斑；腰及下体黄绿色。雌鸟无眉纹和翼斑，腰绿色，下体黄绿色。

生活习性

常栖息于海拔1200～2500 m之间的山地阔叶林、针阔混交林，迁徙时亦见于次生林、城市公园或果园。常单独或成对活动，有时亦会在低矮树木或灌丛间活动。在林中层觅食，发现昆虫飞过时，则会飞到空中捕食。

许克明 / 摄

海南蓝仙鹟

Cyornis hainanus

鸟纲 AVES

雀形目 PASSERIFORMES

鹟科 Muscicapidae

李学良 / 摄

♂

熊跃辉 / 摄

省内主要分布：

全省广泛分布。

居留型：夏候鸟。

形态特征

体长13~15 cm。雄鸟整体羽毛呈深蓝色，下胸至腹部灰色。雌鸟上体棕褐色，喉至胸部皮黄色，下胸至腰部灰色。

生活习性

常栖息于低山常绿阔叶林、针阔混交林、次生林、林缘灌丛等地带。常单独或成对活动，主要在树木和高大灌木的中层活动，时常在林中跳跃或作短距离飞行，偶至地面或树冠层活动。

黑尾蜡嘴雀

Eophona migratoria

鸟纲 AVES

雀形目 PASSERIFORMES

燕雀科 Fringillidae

别名：黑尾、包头蜡嘴、包头

段文科 / 摄

省内主要分布：全省广泛分布。

居留型：留鸟、冬候鸟、旅鸟。

形态特征

体长15～18 cm，喙黄色，短而粗厚，端部黑色；两胁橙色，跗趾粉棕色至棕色。雄鸟头部具较大面积黑色头罩，上体偏褐色，翼尖白色，尾黑色。雌鸟整体羽毛呈灰褐色，飞羽具白边，尾羽末端黑色。

生活习性

栖息于低海拔的各类林地。繁殖期单独或成对活动，非繁殖期集大群活动，于树上或树间活跃，飞行时扇翅有声。杂食性，主要以种子、果实、昆虫为食。

黑头蜡嘴雀

Eophona personata

鸟纲 AVES
雀形目 PASSERIFORMES
燕雀科 Fringillidae
别名：黑头、梧桐、大蜡嘴

孙晓明 / 摄

形态特征

体长20～24 cm，整体羽毛呈青灰色；喙黄色，短而粗厚；头部具较小面积黑色头罩；翼深蓝至黑色，翼尖部为黑色，尾黑色。

生活习性

栖息于中低海拔的各类林地。较少集大群，常单独或集小群活动，常藏于树上部的枝叶间。

省内主要分布：广州、深圳、汕头、佛山、韶关、梅州、东莞、肇庆、清远、潮州、云浮。

居留型：冬候鸟。

凤头鹀

Melophus lathami

鸟纲 AVES
雀形目 PASSERIFORMES
鹀科 Emberizidae

省内主要分布：广州、深圳、韶关、梅州、惠州、茂名、肇庆、清远、潮州、云浮。

居留型：留鸟。

耕海农夫 / 摄

刘国林 / 摄

形态特征

体长16～18 cm。雄鸟具上翘的长冠羽，翼羽、尾羽栗色，尾羽末端黑色。雌鸟羽冠较短，整体羽毛呈褐色，背部具黑色纵斑，翼羽栗色。

生活习性

繁殖期多单独或成对活动；非繁殖期多结成小群活动。喜觅食于山麓的耕地上，活动和取食大多在地面进行。

三道眉草鹀

Emberiza cioides

鸟纲 AVES
雀形目 PASSERIFORMES
鹀科 Emberizidae
别名：大白眉、犁雀儿、三道眉

段文科 / 摄

形态特征

体长15～18 cm。雄鸟头顶栗红色，眼后具大块栗红色斑块，眉纹白色，具黑色前贯眼纹和颊纹，胸栗红色。雌鸟眼后斑块棕褐色，胸淡棕褐色。

生活习性

栖息于平原至丘陵的林缘和灌丛，为典型的灌丛鸟类。营巢于灌丛基部或草丛中。繁殖期雄鸟常站在枝头持续鸣唱。育雏期捕食昆虫，其他季节主要以草籽为食。

省内主要分布： 广州、深圳、汕头、韶关、梅州、惠州、清远、肇庆。

居留型： 冬候鸟。

长林头角 / 摄

白眉鹀

Emberiza tristrami

鸟纲 AVES
雀形目 PASSERIFORMES
鹀科 Emberizidae
别名：白三道儿、五道眉、小白眉

安老师 / 摄

陈克军 / 摄

形态特征

体长13～16 cm。雄鸟顶冠纹、眉纹和颚纹白色，侧冠纹、脸颊和喉黑色，耳后具白点。雌鸟顶冠纹、眉纹和颚纹皮黄色，侧冠纹、脸颊淡栗色；喉棕褐色，具短的黑色纵纹。

生活习性

栖息于海拔500～1200 m之间的低山针阔混交林、阔叶林和林缘灌丛。行为隐蔽，很少到开阔的空地活动。在地面或林下灌丛取食草籽和昆虫等。

省内主要分布：广州、深圳、珠海、汕头、佛山、韶关、河源、梅州、惠州、中山、江门、阳江、湛江、茂名、肇庆、清远、潮州、云浮。

居留型：冬候鸟。

段文科 / 摄

栗耳鹀

Emberiza fucata

鸟纲 AVES

雀形目 PASSERIFORMES

鹀科 Emberizidae

别名：赤胸鹀、赤脸雀、高粱颏儿

省内主要分布：全省广泛分布。

居留型：冬候鸟。

minsu2003 / 摄

形态特征

体长14～16 cm。雄鸟顶冠及颈侧灰色，具暗色纵纹；脸颊栗红色，下颌和喉白色；胸部上方具黑色斑点形成的黑带，具栗红色胸带。雌鸟色彩较暗淡，不具栗红色胸带。

生活习性

栖息于低山平原的林缘灌丛、农田草地和村庄附近，尤喜靠近湿地的开阔草地。通常单独或集小群在地面取食草籽或昆虫，有时会与其他鹀类混群活动。

小鹀

Emberiza pusilla

鸟纲 AVES
雀形目 PASSERIFORMES
鹀科 Emberizidae
别名：高粱头、虎头儿、铁脸儿

段文科 / 摄

形态特征

体长11～14 cm，头部栗色，有白眼圈，侧冠纹棕黑色，眉纹皮黄色；脸颊棕红色，边缘由黑线勾勒；耳羽处具不明显白点，上体褐色带深色纵纹，胸及两胁有黑色纵纹；跗趾粉色。

生活习性

栖息于平原至山地的树林、灌丛及农田。常集群迁徙，冬季分散或单独活动。喜在林下或农田、草地等开阔地域觅食草籽、谷物及昆虫。

省内主要分布：全省广泛分布。

居留型：冬候鸟、旅鸟。

黄眉鹀

Emberiza chrysophrys

鸟纲 AVES
雀形目 PASSERIFORMES
鹀科 Emberizidae
别名：大眉子、黄三道、五道眉儿、金眉子

耕海农夫 / 摄

陈克军 / 摄

形态特征

体长13～17 cm。雄鸟具明显的黑色侧冠纹，脸颊黑色；眉纹前半段黄色，后半段白色；颊纹白色，耳羽处具白点。雌鸟头顶和脸颊呈棕褐色。

生活习性

在迁徙季节和冬季栖息于低山平原的阔叶林和湿地附近的灌丛，也见于疏林、灌木和农田等地。冬季多集小群在地面或灌丛、草丛中活动，取食草籽，行动比较隐蔽。

省内主要分布：广州、深圳、汕头、佛山、韶关、梅州、惠州、江门、阳江、肇庆、清远、潮州。

居留型：冬候鸟、旅鸟。

田鹀

Emberiza rustica

鸟纲 AVES

雀形目 PASSERIFORMES

鹀科 Emberizidae

别名：花眉子、白眉儿、田雀

江南 / 摄

木子 / 摄

形态特征

体长13～15 cm。雄鸟具黑色的短冠羽，眉纹白色，后颈栗褐色，胸部至胁部具栗红色纵斑，腰部具栗红色鳞状羽。雌鸟冠羽和耳羽呈浅褐色，眉纹皮黄色。

生活习性

迁徙及越冬时活动于平原至山麓的开阔杂草地、农耕地、杂木林及苗圃。生性不惧人，停栖时常竖起冠羽。常集小群活动，觅食于地面。

省内主要分布：广州、深圳、珠海、汕头、肇庆、清远。

居留型：冬候鸟。

李学良 / 摄

段文科 / 摄

黄喉鹀

Emberiza elegans

鸟纲 AVES
雀形目 PASSERIFORMES
鹀科 Emberizidae
别名：春暖儿、探春、黄豆瓣

形态特征

体长15～16 cm。雄鸟冠羽明显上翘，可收起，前部黑色，后部黄色；胁部具棕褐色纵斑；繁殖期头胸部黑、白、黄色对比强烈；非繁殖期体羽的黄色、黑色部分变得暗淡。雌鸟冠羽前部褐色，后部浅黄色，耳羽浅褐色，胸部无黑斑。

生活习性

迁徙及越冬时活动于低海拔的平原、丘陵地带的林地、果园、荒地等。生性机警，遇惊扰即隐入灌丛中。觅食于地面，以植物种子为食，繁殖期也取食昆虫及其他小型无脊椎动物。

省内主要分布：广州、深圳、汕头、梅州、肇庆、清远、潮州。

居留型：冬候鸟。

栗鹀

Emberiza rutila

鸟纲 AVES
雀形目 PASSERIFORMES
鹀科 Emberizidae
别名：红金钟、紫背儿、大红袍

形态特征

体长14～15 cm，喙较其他鹀类细。雄鸟繁殖期整个上体及胸栗色，腹部鲜黄色；非繁殖期头、背的栗色及腹部的黄色略微暗淡，喉淡栗色。雌鸟外形似非繁殖期雄鸟，主要区别是雌鸟喉无淡栗色斑块。

生活习性

迁徙及越冬时集小群活动于低海拔的山麓林缘、田间树林、耕地、稻田和灌丛草地等。

省内主要分布： 广州、深圳、汕头、佛山、韶关、河源、梅州、阳江、湛江、茂名、肇庆、清远、潮州。

居留型： 冬候鸟、旅鸟。

松鼠60 / 摄（大图　繁殖羽）　黄晓东 / 摄（小图　非繁殖羽）

硫黄鹀

Emberiza sulphurata

鸟纲 AVES
雀形目 PASSERIFORMES
鹀科 Emberizidae
别名：硫磺鹀

田三龙 / 摄

形态特征

体长13～14 cm。雄鸟头及脸黄绿色沾灰色，眼圈白色，眼先及颏黑色，喉至腹鹅黄色；背灰绿色，具黑褐色纵纹；飞羽具浅褐色羽缘；胁沾灰色，后胁有少量黑褐色纵斑，尾下覆羽黄白色。雌鸟羽色更偏灰，眼先及颏无黑色。

生活习性

迁徙时活动于平原至低山的耕地、灌丛、湿润草地，多见于海岛或海岸地带。喜停栖于灌木上部，受惊扰即遁入浓密草丛中。常单独活动，迁徙时也在适宜生境集成小群。在地面取食植物种子，也食昆虫。

省内主要分布：广州、深圳、珠海、汕头。

居留型：冬候鸟、旅鸟。

灰头鹀

Emberiza spodocephala

鸟纲 AVES

雀形目 PASSERIFORMES

鹀科 Emberizidae

别名：青头雀、蓬鹀、黑脸鹀

行摄山野穗蜗牛 / 摄

耕海农夫 / 摄

省内主要分布： 全省广泛分布。

居留型： 冬候鸟、旅鸟。

形态特征

体长13.5~16 cm，下喙较其他鹀类更偏粉色。雄鸟眼先及颏黑色，繁殖期冠羽、头、颈及喉灰色；背浅棕色，具杂乱的黑褐色纵纹；胁部具黑褐色纵纹，腹部偏白色至鲜黄色。雌鸟眉纹和颊纹皮黄色，颈部为暗淡的灰色；整体羽毛主褐色，密布深色纵纹，腹部浅黄色或近白色。

生活习性

活动于平原、丘陵等低海拔地区的农田、荒地、苗圃、花园、河岸等地域，常隐蔽在灌丛中。常单独或集松散的小群活动。在地面跳跃性觅食，性机警。

芦鹀

Emberiza schoeniclus

鸟纲 AVES
雀形目 PASSERIFORMES
鹀科 Emberizidae
别名：大苇蓉、大山家雀儿

陈龙 / 摄

黄晓东 / 摄

形态特征

体长15～17 cm。雄鸟繁殖期头和喉黑色，颈环和颊纹白色，小覆羽棕红色，腰部灰褐色，下体白色具稀疏深色纵斑。雌鸟冠羽及耳羽栗色，眉纹皮黄色，具不明显黄色颈环。

生活习性

栖息于低山平原湿地附近的开阔地带，如灌丛、芦苇丛和草地等。冬季也活动于农田，常集小群在地面或灌丛中蹿飞。

省内主要分布：广州、深圳。

居留型：冬候鸟。

梅氏壁虎
Gekko melli

爬行纲 REPTILIA
有鳞目 SQUAMATA
壁虎科 Gekkonidae

张亮 / 摄

形态特征

瞳孔垂直，椭圆形；体背灰色，有四至五个不规则蝙蝠状斑块；尾背灰白色，带有五至七个灰黑色的环状横斑。体色会随着环境变化变深或变浅。

生活习性

陆栖型，夜行性。栖息于山地、农舍以及溪流边的岩石缝隙、石洞或树洞内，有时也在建筑物的屋檐、墙壁附近活动。主要捕食各类昆虫。

省内主要分布：深圳、汕头、韶关、东莞、清远、揭阳。

条纹龙蜥

Diploderma fasciatum

爬行纲 REPTILIA
有鳞目 SQUAMATA
鬣蜥科 Agamidae
别名：横纹龙蜥

王英勇团队 / 摄

形态特征

瞳孔圆形；躯干中部两侧具大块状斑，在背脊处由一较窄的横斑相连。

生活习性

陆栖型，日行性。栖息于多灌丛的山区。主要捕食各类昆虫。

省内主要分布：韶关、茂名。

崇安草蜥

Takydromus sylvaticus

爬行纲 REPTILIA

有鳞目 SQUAMATA

蜥蜴科 Lacertidae

王英勇团队 / 摄

形态特征

瞳孔圆形；背面浅绿色，体侧有一条白色纵纹，始于眼前下角，沿眼与上唇间延伸，经肩上方，止于后肢前胯部。

生活习性

陆栖型，日行性。栖息于海拔400～800 m之间的山区草丛中。主要捕食各类昆虫。

省内主要分布：韶关、清远。

王英勇团队 / 摄

天井山草蜥

Takydromus albomaculosus

爬行纲 REPTILIA
有鳞目 SQUAMATA
蜥蜴科 Lacertidae

形态特征

雌雄体侧都有几对白色圆斑或斑点，区别于其他草蜥。

生活习性

陆栖型，日行性。多栖息于海拔700～1200 m之间的山地林间或草地。主要捕食各类昆虫。

省内主要分布：韶关、清远。

白尾双足蜥

Dibamus bourreti

爬行纲 REPTILIA
有鳞目 SQUAMATA
双足蜥科 Dibamidae

侯勉 / 摄

形态特征

体长15～19 cm，背面紫棕色，有金属光泽；尾短而钝，末端为玉白色。

生活习性

陆栖型，日行性。栖息于海拔200～800 m之间的山地泥土中。主要捕食各类昆虫。

省内主要分布：韶关、茂名。

广东颈槽蛇

Rhabdophis guangdongensis

爬行纲 REPTILIA
有鳞目 SQUAMATA
游蛇科 Colubridae

省内主要分布：中国特有种。仅分布于广州、深圳、韶关、惠州、东莞。

张亮 / 摄

形态特征

头背灰褐色，唇鳞浅灰色；颈部具黑色横斑和橙色“V”形斑；体背灰褐色，具黑褐色横纹，横纹上具排列规则的白点；体侧各具一条棕红色纵纹。

生活习性

陆栖型，日行性。栖息于海拔180～1000 m之间的平原或低山地区，喜植被覆盖较好的近水区域。捕食蚯蚓、蟾蜍、蛙类。有毒。

刘氏后棱蛇

Opisthotropis laui

爬行纲 REPTILIA
有鳞目 SQUAMATA
游蛇科 Colubridae

省内主要分布：江门。

王英勇团队 / 摄

形态特征

头小且扁，与颈部区分不明显；背面暗橄榄褐色；体侧具镶黑边的黄色横纹，左右横纹交错排列，有的在背脊处相连；腹面浅黄色。

生活习性

半水栖型，夜行性。栖息于山区溪流附近。主要捕食蚯蚓和小型鱼类。无毒。

深圳后棱蛇

Opisthotropis shenzhenensis

爬行纲 REPTILIA
有鳞目 SQUAMATA
游蛇科 Colubridae

省内主要分布：
深圳、东莞。

形态特征

头小且扁，与颈部区分不明显；腹面黄色，头部及尾部腹面散布黑灰色斑点。

生活习性

半水栖型，夜行性。栖息于山区溪流附近。主要捕食蚯蚓和小型鱼类。无毒。

王英勇团队 / 摄

王英勇团队 / 摄

张氏后棱蛇
Opisthotropis hungtai

爬行纲 REPTILIA
有鳞目 SQUAMATA
游蛇科 Colubridae

形态特征

头小且扁，与颈部区分不明显；头背黑色，散布黄色碎点；躯干及尾背部黑色且具光泽，每枚背鳞中央均有黄色斑点。

生活习性

半水栖型，夜行性。栖息于山区溪流附近。主要捕食蚯蚓和小型鱼类。无毒。

省内主要分布：中山、茂名、肇庆。

张亮 / 摄

方花蛇

Archelaphe bellus

爬行纲 REPTILIA
有鳞目 SQUAMATA
游蛇科 Colubridae
别名：贝拉鼠蛇

形态特征

头颈区分不明显，头背面有一个镶黑边的“Y”形斑纹；躯干及尾背面以红褐色为主，排列着由黑色、红褐色和白色相间构成的环纹斑。

生活习性

陆栖型，日行性。栖息于海拔1600～2200 m之间的山地缓坡、林缘灌丛或岩石缝隙中。捕食小型哺乳类动物。无毒。

省内主要分布：中山、茂名、肇庆。

金环蛇

Bungarus fasciatus

爬行纲 REPTILIA
有鳞目 SQUAMATA
眼镜蛇科 Elapidae
别名：金脚带

省内主要分布：
广州、深圳、汕头、惠州、东莞、湛江、潮州等沿海城市。

形态特征

头呈椭圆形，与颈部区分不明显；头背黑褐色，枕部有浅色倒“V”形斑，通身有黑黄相间的环纹；背鳞正中一行脊鳞扩大呈六角形；躯干横切面略呈三角形，尾末端圆钝。

生活习性

陆栖型，夜行性。栖息于海拔180～1000 m之间的平原或低山植被覆盖较好的近水区域。捕食蛇类、蜥类、蛙类、鼠类等动物。性温顺，行动迟缓。剧毒。

岑鹏 / 摄

白头蝰

Azemiops kharini

爬行纲 REPTILIA
有鳞目 SQUAMATA
蝰科 Viperidae

张亮 / 摄

形态特征

头略扁，呈三角形；头背白色或浅橘黄色，具左右对称的两条不规则褐色纵纹；体、尾背面黑色或紫黑色，略具金属光泽，具十余条橘黄色或橘红色窄横纹，彼此交错排列，有的在背脊处相接。

生活习性

陆栖型，夜行性。栖息于中低海拔且植被茂密的山区，常现身于路旁、沟谷、落叶堆，有时也会出现在居民区附近。捕食小型啮齿类动物和鼩鼱。剧毒，混合毒素型毒蛇。

省内主要分布：广州、韶关、河源、梅州、惠州、茂名、肇庆、清远、潮州。

越南烙铁头蛇

Ovophis tonkinensis

爬行纲 REPTILIA
有鳞目 SQUAMATA
蝰科 Viperidae

张亮 / 摄

形态特征

头背黑褐色；体背棕黄色，体背中间有棕黑色斑18块，该斑在体前段和体后段彼此相连，在体中段彼此交错排列呈“城垛”形；腹面灰白色；尾部紫灰色，背面中间一行鳞片具白色脊线。

生活习性

陆栖型，夜行性。栖息于山区和丘陵，主要出没于山区道路旁、林地。捕食鼠类、蜥蜴。剧毒，管牙类毒蛇。

省内主要分布：深圳、韶关、惠州、茂名。

台湾烙铁头蛇

Ovophis makazayazaya

爬行纲 REPTILIA
有鳞目 SQUAMATA
蝰科 Viperidae

省内主要分布：
韶关。

形态特征

头呈三角形，头背橘红色；体背橘红色，体背中间有棕黑色斑块，该斑在体前段和体后段彼此相连，在体中段彼此交错排列呈“城垛”形。

生活习性

陆栖型，夜行性。栖息于海拔1000～2000 m之间的山区，主要出没于山区道路旁、林地。捕食鼠类、蜥蜴。剧毒，管牙类毒蛇。

张亮 / 摄

齐硕 / 摄

刘氏掌突蟾

Leptobrachella laui

两栖纲 AMPHIBIA
无尾目 ANURA
角蟾科 Megophryidae

省内主要分布：广州、深圳、韶关、茂名、肇庆、清远。

形态特征

眼大而突，虹膜呈铜褐色；咽部粉色，边缘有棕色颗粒；体背褐色粗糙，有密集的小疣粒，散布着小黄色斑点，无明显深色斑；胸腹部呈不透明的乳白色。

生活习性

夜行性。栖息于海拔100～800 m之间的山间溪流边。主要捕食各类小昆虫。

王英勇团队 / 摄

云开掌突蟾
Leptobrachella yunkiaensis

两栖纲 AMPHIBIA
无尾目 ANURA
角蟾科 Megophryidae

形态特征

眼大，虹膜双色，上半部分铜黄色，下半部分银色；体背面铜黄色，具深棕色斑点，其间夹杂着橙色的不规则斑块；四肢背面有棕色的横纹。

生活习性

夜行性。栖息于海拔900～1200 m之间的常绿阔叶林间的溪流中。主要捕食各类小昆虫。

省内主要分布：阳江、茂名。

封开角蟾

Panophrys acuta

两栖纲 AMPHIBIA
无尾目 ANURA
角蟾科 Megophryidae

王英勇团队 / 摄

形态特征

背部皮肤光滑，散布零散深色斑点和少数疣粒，在背部构成“X”形脊；成体背部棕红色，眼下有一条竖直的深棕色条纹，两眼间有一个不完整三角形；背部中央有一个四角星形的深色斑纹，前肢有一条明显的黑色斜纹。

生活习性

夜行性。栖息于海拔270～450 m之间湿润亚热带常绿阔叶林中的枯枝落叶层，或林下灌草层的山溪周围。雄性成体在求偶时会发出连续性的短频快速的鸣叫声。主要以白蚁为食。

省内主要分布：阳江、茂名、肇庆。

王英勇团队 / 摄

东莞角蟾

Panophrys dongguanensis

两栖纲 AMPHIBIA
无尾目 ANURA
角蟾科 Megophryidae

形态特征

眼睛下方有一条垂直的深棕色带，两眼间有一个深色的三角形标记；背部黄褐色，皮肤纹理粗糙，有致密的疣粒，疣粒形成不连续的“X”形脊；前臂上有一条宽且斜的黑色带，前肢和后肢的背面有深灰色横带。

生活习性

夜行性。栖息于海拔100～300 m之间的山间溪流及附近森林的地面和落叶层中。

省内主要分布：东莞。

短肢角蟾

Panophrys brachykolos

两栖纲 AMPHIBIA
无尾目 ANURA
角蟾科 Megophryidae

形态特征

两眼间有深色三角斑，咽喉部有黑色纵纹；体表粗糙，体背多为灰棕色和深褐色，遍布细小疣粒，具深色斑纹，个别有网状纹；四肢细短，背面有不明显条纹；趾间几乎无蹼。

生活习性

夜行性。栖息于海拔300～400 m之间的山区溪流边。

省内主要分布：深圳、韶关、东莞、阳江、清远。

王英勇团队 / 摄

王英勇团队 / 摄

南昆山角蟾
Panophrys nankunensis

两栖纲 AMPHIBIA
无尾目 ANURA
角蟾科 Megophryidae

形态特征

体背米黄色至深棕色，疣粒密集，部分疣粒在体背中间形成断续的“X”形皮肤棱；两眼间有一个不完整的三角形深色斑，“X”形皮肤棱上具相同形状的深色斑；前肢和后肢背面具黑色横斑。

生活习性

夜行性。栖息于海拔300～600 m之间的亚热带常绿阔叶林地表落叶层及周边石质底的山溪中。

省内主要分布：惠州。

黑石顶角蟾

Panophrys obesa

两栖纲 AMPHIBIA
无尾目 ANURA
角蟾科 Megophryidae

王英勇团队 / 摄

形态特征

两眼间有三角框形斑纹；成体背部光滑，棕色，散布着深色斑点和少数小疣粒，部分斑点和小疣粒在背部构成“X”形或“Y”形；前肢有两条明显的黑色斜纹，且肘部有一个明显的黑底白边圆斑；后肢有若干较宽的黑色横纹。

生活习性

夜行性。栖息于海拔399～433 m之间的低地森林或竹林中。

省内主要分布：肇庆。

王英勇团队 / 摄

石门台角蟾

Panophrys shimentaina

两栖纲 AMPHIBIA
无尾目 ANURA
角蟾科 Megophryidae

省内主要分布：
韶关、清远。

形态特征

背部皮肤粗糙，有两条不连续的背侧褶；胸腺和股腺呈白色，背部、侧面及股后有小到几乎肉眼不可见的黑色或深棕色角质刺。

生活习性

夜行性。栖息于海拔210～1200 m之间的山间溪流边。

形态特征

皮肤粗糙，遍布小刺疣；体色变异较大，体背面及四肢背面多具草绿色与铁锈色斑纹交织而成的网状或迷彩状纹，腹面具大小不一的黑色斑点；指、趾端均具吸盘和蹼。

生活习性

夜行性。栖息于海拔700～2000 m之间的山区林木繁茂且潮湿处，多见于竹林、灌木和杂草丛中。

峨眉树蛙

Zhangixalus omeimontis

两栖纲 AMPHIBIA

无尾目 ANURA

树蛙科 Rhacophoridae

省内主要分布：

韶关。

张亮 / 摄

王英勇团队 / 摄

黑眼睑纤树蛙

Gracixalus gracilipes

两栖纲 AMPHIBIA
无尾目 ANURA
树蛙科 Rhacophoridae

省内主要分布：阳江、茂名。

形态特征

两眼间及体背有明显的灰绿色“X”形纹，上眼睑上的疣刺大且密集，呈黑棕色或红棕色，眼侧后下方及体侧有明显白色斑；体背及四肢暗绿色或灰绿色，腹面黄白色，体背具小疣粒，无背侧褶；指间无蹼，趾间蹼较发达。

生活习性

夜行性。栖息于海拔500～530 m之间林木繁茂的山区，成蛙栖息于环境阴湿的灌丛或杂草间。

侧条费树蛙

Rohanixalus vittata

两栖纲 AMPHIBIA
无尾目 ANURA
树蛙科 Rhacophoridae

省内主要分布：肇庆。

形态特征

体背光滑多为灰黄色或浅黄色，布满灰棕色细碎的小圆点，具小疣粒；体两侧从吻端或眼后至胯部各具一条浅黄色纵纹，腹面乳黄色或白色；指间基部略有蹼迹，趾间蹼较发达，约为半蹼。

生活习性

夜行性。栖息于海拔80～1500 m之间的水源附近，常见于灌木、芦苇、芭蕉等植物枝叶上。

王英勇团队 / 摄

王英勇团队 / 摄

费氏刘树蛙
Liuixalus feii

两栖纲 AMPHIBIA
无尾目 ANURA
树蛙科 Rhacophoridae

形态特征

体型小，背面皮肤光滑，散布疣粒，体侧和眼睑处的疣粒明显；体背淡黄褐色或深褐色，具黑褐色“><”形斑纹或两对斜纹，但中间不相交；腹面白色，后肢背面具一至两条深棕色横条纹。

生活习性

夜行性。栖息于海拔350～800 m之间的林区，多见于落叶层。

省内主要分布：惠州、肇庆。

谢强 / 摄

鼎湖头蜓

Cephalaeschna dinghuensis

昆虫纲 INSECTA
蜻蜓目 ODONATA
蜓科 Aeshnidae

形态特征

体长62～69 mm。雄性具蓝色复眼周边主体黄色；前额具一个较大黑斑；胸部褐色，具细黄色肩前条纹，合胸侧面具两条阔黄色条纹，条纹之间具一条黄色细纹；腹部具细小黄色斑点；足基黄色。雌性与雄性外观相似。

生活习性

栖息于海拔500～1000 m之间林荫狭窄的小溪和渗流地。

省内主要分布：惠州、肇庆。

吴超 / 摄

中华怪螳

Amorphoscelis chinensis

昆虫纲 INSECTA
螳螂目 MANTODEA
怪螳科 Amorphoscelidae
别名：繁星怪螳、暗体怪螳

形态特征

体色褐色，雄虫体长20～22 mm。头部宽扁，额盾片横带状，宽为高的5.3倍；前胸背板长宽近似，侧缘扩展明显，前足基节远长于沟后区，基部具扩展；股节仅具一枚中刺，无内、外列刺，胫节缺刺；中后足无膝刺，胫端刺2枚；前翅前缘域污褐色，具深色斑纹；肛上板三角形，端部钝圆，尾须端节膨大扁平。

生活习性

栖息于树干。捕食举腹蚁。雄性具有趋光性。在华南的分布区，成虫全年可见。

省内主要分布：广州、韶关、江门、肇庆、清远。

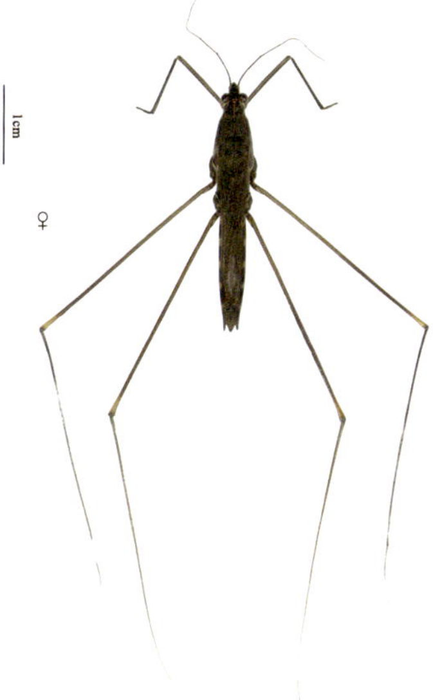

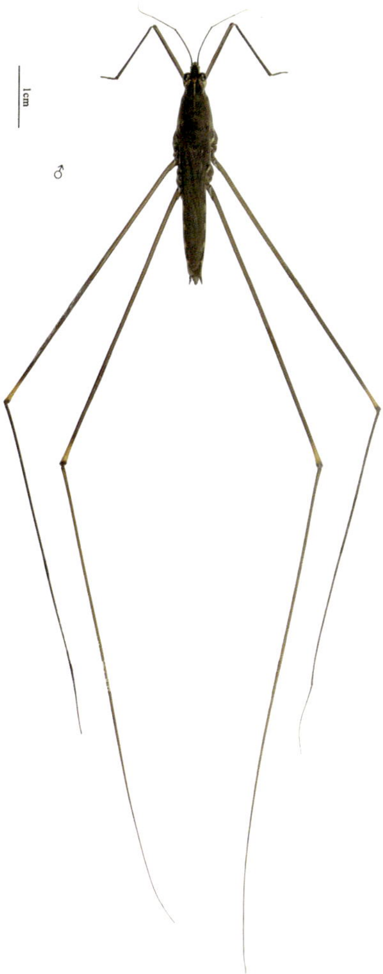

巨黾

Gigantometra gigas

昆虫纲 INSECTA
半翅目 HEMIPTERA
黾蝽科 Gerridae
别名：巨黾蝽、大水黾

谢强 / 摄

形态特征

大型黾蝽，体长32～34 mm，雄性后足可达126 mm。眼后方前叶每侧有一个弯曲的黄褐色带，前胸背板长约是宽的2倍，中间不呈龙骨状；臭腺孔开口紧邻翅基，且周围被覆毛；性二型，雄性个体比雌性大。

生活习性

在水流缓慢、水质较好的小溪中活动。

省内主要分布：韶关、肇庆。

野生
植物
见血封喉
Antiaris toxicaria

中华双扇蕨

Dipteris chinensis

双扇蕨科 Dipteridaceae

濒危状况

《广东高等植物红色名录》VU（易危）

形态特征

大型蕨类。根状茎长而横走。叶远生，叶柄长30～60 cm；叶片纸质，中部裂成两部分相等的扇形，每扇又再深裂为4～5部分。孢子囊群小，近圆形，散生于网脉交结点上，被浅杯状的隔丝覆盖。

保护价值： 孑遗植物；观赏价值高；生境面积狭窄，呈零星分布，种群数量少。

产地与生境： 见于阳江（阳春）、清远（阳山）、云浮（罗定）等地。生于山地中高海拔的灌丛中。

长苞铁杉

Nothothsuga longibracteata

松科 Pinaceae

濒危状况

《广东高等植物红色名录》VU（易危）

形态特征

常绿乔木。叶辐射伸展，条形。球果直立，圆柱形。种子三角状扁卵圆形，种翅比种子长。花期3月下旬至4月中旬，球果当年10月成熟。

保护价值： 中国特有种，天然的长苞铁杉林稀少。

产地与生境： 见于韶关、清远。在南岭常与华南五针松、南方铁杉、福建柏及常绿阔叶树种组成针阔混交林。

长叶竹柏

Nageia fleuryi

罗汉松科 Podocarpaceae

濒危状况

《广东高等植物红色名录》VU（易危）

形态特征

乔木。叶对生，宽披针形，质地厚，无中脉。雄球花穗腋生，常见3～6个簇生于总梗上；雌球花单生叶腋，有梗。种子圆球形，熟时假种皮蓝紫色，直径 1.5～1.8 cm，

保护价值： 果仁可作为食用油、工业用油的原料；叶、果可入药；树形优美，可作观赏树种。

产地与生境： 见于广州、惠州、肇庆。常散生于常绿阔叶林中。

宽叶粗榧

Cephalotaxus latifolia

红豆杉科 Taxaceae

濒危状况

《广东高等植物红色名录》DD（数据缺乏）

形态特征

小乔木。叶线形，直且宽短，质地较厚，叶下面中脉两侧的气孔带被白粉，叶缘反曲。雄球花序头状，直径约6 mm，花序梗长2～3 mm。种子卵圆形，长1.8～2 cm，直径约1 cm，顶端中央有凸尖。

保护价值： 叶、枝、种子、根能提取多种植物碱，可供药用；木材坚实，是良好的用材树种。

产地与生境： 见于韶关（乳源）。生于海拔900～1700 m之间的山地林中。

睡莲

Nymphaea tetragona

睡莲科 Nymphaeaceae

濒危状况

《广东高等植物红色名录》CR（极危）

形态特征

多年生水生草本。根状茎短粗。叶纸质，心状卵形或卵状椭圆形，全缘，上面光亮，下面带红色或紫色；叶柄长可达60 cm，花直径3～5 cm，花瓣白色。浆果球形，直径2～2.5 cm，花期6—8月，果期8—10月。

保护价值：野生睡莲种群稀少，是珍贵的科研材料。

产地与生境：见于韶关、清远等地。生于海拔800 m以上的山地沼泽中。

鼎湖细辛

Asarum magnificum var. *dinghuense*

马兜铃科 Aristolochiaceae

濒危状况

《广东高等植物红色名录》EN（濒危）

形态特征

多年生草本。无茎。叶片椭圆状卵形，叶面无云斑；叶柄长6～16 cm，花单生于叶腋，贴近地面，绿紫色。

保护价值：分布范围狭窄，种群数量稀少，可全草入药。

产地与生境：见于阳江、茂名、肇庆等地。生于海拔300～700 m之间的灌丛下阴湿处。

长梗木莲

Manglietia longipedunculata

木兰科 Magnoliaceae

注 在广东龙门南昆山省级自然保护区发现长梗木莲成熟植株仅11株，其在自然状态下几无结实。

濒危状况

《广东高等植物红色名录》CR（极危）

形态特征

常绿乔木。叶片倒卵状椭圆形至椭圆形；叶柄长2.5～3.5 cm，有沟纹。花梗长5.5～6 cm，纤细；花香浓郁，花被片白色。果梗长5.5～6 cm，蓇葖果卵圆形。

保护价值：广东省特有种，数量稀少，茎叶提取物可药用；树形优美、花色艳丽，可作观赏树种。

产地与生境：见于惠州（龙门）。生于常绿阔叶林中。

邹滨 / 摄

观光木

Michelia odora

木兰科 Magnoliaceae

濒危状况

《广东高等植物红色名录》VU（易危）

形态特征

常绿乔木。高达25 m。小枝、芽、叶柄、叶面中脉、叶背和花梗均被黄棕色糙伏毛。叶片厚膜质，倒卵状椭圆形；叶柄长，基部膨大，托叶痕达叶柄中部。花被片象牙黄色，有红色小斑点。聚合果长椭圆体形，垂悬于具皱纹的老枝上。花期3月，果期10—12月。

保护价值： 花可提取芳香油，种子可榨油；树干挺直，枝叶稠密，花色美丽而芳香，可作观赏树种。

产地与生境： 见于广州（花都、从化、增城）、韶关（仁化）、惠州（龙门）、茂名、肇庆（高要）、清远（英德、连山）等地。生于常绿阔叶林中。

邹滨 / 摄

乐东拟单性木兰

Parakmeria lotungensis

木兰科 Magnoliaceae

濒危状况

《广东高等植物红色名录》EN（濒危）

形态特征

常绿乔木。小枝节间密而呈竹节状，叶柄上无托叶痕。叶革质，狭倒卵状椭圆形、倒卵状椭圆形或狭椭圆形。两性花异株，聚合果卵状长圆形或椭圆状卵圆形。花期4—5月，果期8—9月。

保护价值：中国特有种，花色优美，可作观赏树种。

产地与生境：见于韶关（乐昌、乳源）、阳江（阳春）、茂名（信宜）、清远（连山）等地。生于土质肥沃的阔叶林中。

叶华谷 / 摄

沉水樟

Cinnamomum micranthum

樟科 Lauraceae

濒危状况

《广东高等植物红色名录》VU（易危）

形态特征

乔木。树皮、小枝和叶有樟脑香味。顶芽大，卵球形。叶互生，长圆形、椭圆形或卵状椭圆形，羽状脉，叶脉上具腺窝。圆锥花序顶生及腋生，短促。核果椭圆形，新鲜时淡绿色，具斑点，光亮，无毛；果托壶状。花期7—10月，果期10—11月。

保护价值：木材优良，可作用材树种。

产地与生境：见于广东北部、中部和西部。生于山坡或山谷密林中。

猪笼草

Nepenthes mirabilis

猪笼草科 Nepenthaceae

濒危状况

《广东高等植物红色名录》VU（易危）

形态特征

草本。直立、攀缘或平卧。叶互生，可分为叶柄、叶片、卷须、瓶状体和瓶盖五个部分，有时可无瓶状体。总状花序长20～50 cm，花被片4个，红色至紫红色。蒴果栗色，种子多数。花期4—11月，果期8—12月。

保护价值： 食虫植物，花具有药用价值；我国分布的唯一猪笼草属植物，沿海沼生植被的指示种；观赏价值高。

产地与生境： 见于广东南部。生于山间沼泽中。

芳香石豆兰

Bulbophyllum ambrosia

兰科 Orchidaceae

濒危状况

《广东高等植物红色名录》VU（易危）

形态特征

附生兰。根状茎被覆瓦状鳞片状鞘，每相距3～9 cm着生1个假鳞茎；假鳞茎直立或稍弧曲上举，圆柱形，顶生1枚叶。叶革质，长圆形。花葶出自假鳞茎基部。花期通常在2—5月。

保护价值： 花色美丽，极具观赏性；具有润肺化痰的药用价值。

产地与生境： 见于广东各地。生于林中树干上。

二色卷瓣兰

Bulbophyllum bicolor

兰科 Orchidaceae

濒危状况

《广东高等植物红色名录》EN（濒危）

形态特征

附生兰。根状茎每相隔3～4 cm着生1个假鳞茎；假鳞茎卵球形。叶革质，长圆形。花葶从假鳞茎基部发出，伞形花序具1～3朵花；花淡黄色，在基部内面具紫色斑点；萼片和花瓣先端紫红色；唇瓣橄榄绿色，后变为橘红色，卵形，向外下弯。花期5月。

保护价值： 数量稀少，花色优美，观赏价值高。

产地与生境： 见于深圳、珠海等地。生于溪边的岩石或树干上。

广东石豆兰

Bulbophyllum kwangtungense

兰科 Orchidaceae

保护价值： 华南地区知名中草药。

产地与生境： 见于广东各地。附生于沟谷或林下岩石上。

濒危状况

《广东高等植物红色名录》VU（易危）

形态特征

附生兰。根状茎每相距2～7 cm着生1个假鳞茎；假鳞茎直立，圆柱状，顶生1枚叶，幼时被膜质鞘。叶革质，长圆形。花葶1个，从假鳞茎基部或靠近假鳞茎基部的根状茎节上发出，直立，纤细，远高出叶外；总状花序缩短呈伞状，具2～4朵花；花白色，唇瓣肉质，狭披针形。花期5—8月。

密花石豆兰

Bulbophyllum odoratissimum

兰科 Orchidaceae

濒危状况

《广东高等植物红色名录》VU（易危）

形态特征

附生兰。根状茎每相距4～8 cm着生1个假鳞茎；假鳞茎近圆柱形，直立，顶生1枚叶。叶革质，长圆形，近无柄。花葶淡黄绿色，从假鳞茎基部发出，直立；总状花序缩短呈伞状，常点垂，密生10余朵花，花瓣白色。

保护价值： 华南地区中草药，含多种活性成分。

产地与生境： 见于广东各地。附生于大树或岩壁上。

乐昌虾脊兰

Calanthe lechangensis

兰科 Orchidaceae

濒危状况

《广东高等植物红色名录》EN（濒危）

形态特征

地生兰。假鳞茎粗短，圆锥形，常具3枚鞘和1枚叶。叶宽椭圆形，先端尖锐，叶柄细长。花葶从叶腋发出，直立，不高出叶层外。总状花序疏生4～5朵花，花浅红色，唇瓣倒卵状圆形，基部具爪，有距。花期3—4月。

保护价值： 广东省特有种，野外种群数量少；花大，颜色明亮，观赏价值高。

产地与生境： 见于广州（从化、增城）、韶关（乐昌、乳源）、惠州（龙门）、肇庆（怀集）等地。生于山谷密林下。

细叶石仙桃

Pholidota cantonensis

兰科 Orchidaceae

濒危状况

《广东高等植物红色名录》VU（易危）

形态特征

附生兰。根状茎匍匐，密被鳞片状鞘，通常每相距1～3 cm着生假鳞茎；假鳞茎狭卵形至卵状长圆形，顶端生2枚叶。叶线形或线状披针形，纸质。总状花序通常具10余朵花。蒴果倒卵形。花期4月，果期8—9月。

保护价值： 华南地区中草药；花清新雅致，观赏价值高。

产地与生境： 见于广东各地。附生于大树或岩壁上。

石仙桃

Pholidota chinensis

兰科 Orchidaceae

濒危状况

《广东高等植物红色名录》VU（易危）

形态特征

附生兰。根状茎通常较粗壮，匍匐，具较密的节和较多的根；假鳞茎狭卵状长圆形。叶2枚，生于假鳞茎顶端。花葶生于幼嫩假鳞茎顶端，总状花序常多少外弯或下垂，具数朵至20余朵花。果序下垂，蒴果倒卵状椭圆形。花期4—5月，果期9月至翌年1月。

保护价值： 华南地区中草药；花形美丽，观赏价值高。

产地与生境： 见于广东各地。附生于大树或岩壁上。

李琳 / 摄

广东万代兰

Vanda fuscoviridis

兰科 Orchidaceae

濒危状况

《广东高等植物红色名录》EN（濒危）

形态特征

附生兰。叶片厚，先端具毛。总状花序，具花9朵；花柄柔弱且弯曲；花肉质，开口宽；萼片和花瓣背面白色，正面黄色；唇瓣白色或粉红色，卵形或三角形。

保护价值： 花色艳丽，观赏价值高；广东省特有种，分布范围狭窄，种群数量少，亟须保护。

产地与生境： 特产于清远（英德）。附生于海拔800 ~ 1200 m之间的山地林中树干上。

濒危状况

《广东高等植物红色名录》EN（濒危）

形态特征

兰花蕉

Orchidantha chinensis

兰花蕉科 Lowiaceae

多年生草本。根状茎横生。叶2列，椭圆状披针形。花自根状茎生出，单生；花大，紫色；萼片长圆状披针形；唇瓣线形，先端渐尖，具小尖头；侧生的2片花瓣长圆形，长约2 cm，先端有芒。花期3月。

保护价值： 广东省特有种，花形奇特，观赏价值高，是珍贵的科研材料。

产地与生境： 见于江门（台山）、阳江（阳春）、茂名（信宜）。生于常绿阔叶林下。

曾佑派 / 摄

从化山姜

Alpinia conghuaensis

姜科 Zingiberaceae

濒危状况

《广东高等植物红色名录》VU（易危）

形态特征

多年生草本。株高30～80 cm，叶3～9片，基部的叶较小，往上叶渐大，线状披针形至线状椭圆形。穗状花序直立，每小苞片仅有花1朵；唇瓣淡红色，具深红色纵脉纹，具爪。花期3月下旬至4月上旬，果期6月。

保护价值： 广东省特有种，种群数量少；具药用价值。

产地与生境： 见于广州（从化）。生于海拔900 m的常绿阔叶林下或沟谷中。

大豆蔻

Hornstedtia hainanensis

姜科 Zingiberaceae

保护价值：中国特有种，为药用植物。

产地与生境：见于阳江（阳春）。生于密林中。

濒危状况

《广东高等植物红色名录》LC（无危）

形态特征

株高1～2 m。根茎横走。叶片线形。穗状花序自近茎基部的根茎上抽出，半埋入土中；花冠管细长，顶端常呈直角弯曲；唇瓣狭长，与花冠裂片近等长。蒴果长圆形或椭圆形，种子多数。果期3—7月。

曾佑派 / 摄

半枫荷
Semiliquidambar cathayensis

阿丁枫科 Altingiaceae

濒危状况

《广东高等植物红色名录》EN（濒危）

形态特征

常绿乔木。树皮灰色。叶簇生于枝顶，革质，异型，有不分裂的叶以及掌状3裂叶两种叶型。雄花的短穗状花序常数个排成总状；雌花的头状花序单生。头状果序直径2.5 cm，

保护价值： 枝叶、根可供药用，治风湿跌打等。

产地与生境： 见于广东山区。喜生于湿度较大的阴坡或半阴坡林地内。

阳春鼠刺

Itea yangchunensis

鼠刺科 Iteaceae

濒危状况

《广东高等植物红色名录》NT（近危）

形态特征

常绿灌木。叶互生，厚革质，长圆形，边缘除近基部外具密细锯齿。总状花序腋生，比叶短；花瓣白色。蒴果锥状，成熟时先端2裂。果期11月。

保护价值：广东省特有种，观赏价值高，分布范围狭窄。

产地与生境：见于阳江（阳春）。生于溪旁。

乳源葡萄

Vitis ruyuanensis

葡萄科 Vitaceae

保护价值：广东省特有种，种群数量少，是重要的科研材料。

产地与生境：见于韶关（乳源）。生于山坡灌丛中。

濒危状况

《广东高等植物红色名录》EN（濒危）

形态特征

木质藤本。卷须不分枝，每隔2节间断与叶对生。叶戟形或卵状戟形，不分裂或下部3～5浅裂，上面绿色，下面紫红色；基生脉5出。圆锥花序与叶对生，花杂性异株。果实圆球形，直径0.6～0.8 cm，花期4—5月，果期6—7月。

周欣欣 / 摄

鼎湖双束鱼藤

Aganope dinghuensis

豆科 Fabaceae

周欣欣 / 摄

濒危状况

《广东高等植物红色名录》EN（濒危）

形态特征

藤状灌木。羽状复叶具小叶4对，小叶对生或近对生，厚纸质，长圆形或长圆状阔卵形。圆锥花序腋生。荚果舌状长圆形，腹背两侧均有缝翅。花期6—7月，果期11—12月。

保护价值：广东省特有种，鼎湖山特有植物，可入药。

产地与生境：产于肇庆鼎湖山。生于低海拔山地林中。

见血封喉

Antiaris toxicaria

桑科 Moraceae

别名：箭毒木

濒危状况

《广东高等植物红色名录》VU（易危）

形态特征

乔木。树皮灰色，略粗糙。叶椭圆形至倒卵形，两侧不对称。雄花序托盘状；雌花单生，藏于梨形花托内。核果梨形，直径2 cm，鲜红色至紫红色。花期3—4月，果期5—6月。树液有剧毒。

保护价值： 种子、茎叶乳汁可入药；树形优美，可作观赏树种。

产地与生境： 见于广东西南部。多生于风水林中。

紫背天葵

Begonia fimbristipula

秋海棠科 Begoniaceae

濒危状况

《广东高等植物红色名录》VU（易危）

形态特征

多年生无茎草本。根状茎球状。叶均基生，具长柄；叶片常有白色小斑点，掌状脉。花葶高6～18 cm，无毛；花单性，雌雄同株；花被片红色。蒴果下垂，具有不等的3翅。

保护价值： 华南地区知名中草药，也是瑶族常用药，可做凉茶。

产地与生境： 见于广东大部分山区。生于山地山顶疏林下的石头上、悬崖石缝中以及山顶林下潮湿的岩石上。

广东紫薇

Lagerstroemia fordii

千屈菜科 Lythraceae

濒危状况

《广东高等植物红色名录》NT（近危）

形态特征

落叶乔木。叶互生，纸质，阔披针形或椭圆状披针形。顶生圆锥花序，花梗长4～6 mm；花6基数，花萼有10～12条棱，被灰白色短柔毛；花瓣有爪，白色。蒴果褐色，卵球形。

保护价值： 中国特有种，野外呈少量零星分布；树形优美，花色美丽，可作观赏树种。

产地与生境： 见于广东大部分山区。生于山地疏林中。

丹霞柿

Diospyros danxiaensis

柿科 Ebenaceae

别名：彭华柿

濒危状况

《广东高等植物红色名录》NT（近危）

形态特征

常绿灌木。高2～3 m。叶片椭圆形至倒卵状椭圆形，叶缘反卷。雄花序聚伞状，约3朵花；雌花花梗长8～14 mm；花冠暗黄色。浆果熟时橙黄色，球形，直径约2 cm，花期3—5月，果期7—11月。

保护价值：广东省特有种，野外呈少量零星分布，是珍贵的科研材料。

产地与生境：见于韶关（乐昌、仁化）。生于密林或山沟中。

濒危状况

《广东高等植物红色名录》NT（近危）

小果柿

Diospyros vaccinioides

柿科　Ebenaceae

别名：乌饭叶柿

形态特征

多枝常绿矮灌木。嫩枝有锈色柔毛。叶革质或薄革质，通常卵形，长2～3 cm，上面光亮，绿色，无毛。花雌雄异株，细小，腋生，单生，近无梗。果小，球形，直径约1 cm，嫩时绿色，熟时黑色。花期5月，果期冬月。

保护价值： 树形优美，可做盆景，被称为“黑骨香”。

产地与生境： 见于深圳、珠海、江门、阳江等地。生于沿海的灌丛中。

注 本种株形紧凑，叶小巧精致，在栽培状态下可以开花结果。在广东西南部沿海地区常被采挖来制作盆景，并冠以“小叶紫檀”的商品名出售，因此种群日趋减少。

走马胎

Ardisia kteniophylla

报春花科 Primulaceae

濒危状况

《广东高等植物红色名录》EN（濒危）

形态特征

大灌木或亚灌木。高1～3 m。茎叶常簇生茎顶，椭圆形或倒卵状披针形，长25～48 cm，具密啮蚀状细齿。多个亚伞形花序组成塔状或总状圆锥花序；花瓣白色或粉红色，具疏腺点。果红色。花期4—6月，果期11—12月。

保护价值：植株含有多种成分，具药用价值，是壮族、瑶族、侗族的习用药材。

产地与生境：零星见于广东大部分山区。生于密林下。

濒危状况

《广东高等植物红色名录》CR（极危）

形态特征

多年生草本。无地上茎。叶长圆形，叶柄被锈色毛。有伞形花序1~2层；花冠蓝紫色。

广东报春

Primula kwangtungensis

报春花科 Primulaceae

叶华谷 / 摄

保护价值： 岩溶地区植物之一；花色美丽，观赏价值高；对环境要求高，容易遭到破坏。

产地与生境： 见于韶关（乐昌、乳源）。生于溪旁和林下潮湿的岩石上。

大苞白山茶

Camellia granthamiana

山茶科 Theaceae

别名：大苞山茶

濒危状况

《广东高等植物红色名录》EN（濒危）

形态特征

乔木。叶革质，椭圆形或窄椭圆形，两面无毛，具锯齿。花白色无梗，单生枝顶。蒴果球形，果径4～6 cm，完全被宿存萼片及苞片包着，5爿裂开。花期冬季。

保护价值： 花形大，花色洁白，可做观赏花卉；是山茶属野生的四倍体种之一，对研究山茶属系统发育有重要意义。

产地与生境： 见于深圳、河源、梅州、汕尾。生于山坡林中。

银钟花

Halesia macgregorii

安息香科 Styracaceae

别名：假杨桃

濒危状况

《广东高等植物红色名录》VU（易危）

形态特征

乔木。叶椭圆形，先端尾尖，具锯齿。花2~7朵簇生，先叶开花或花叶同放，花常下垂。核果具4翅。花期4月，果期7–10月。

保护价值： 中国特有种，野生种群稀少。

产地与生境： 见于韶关、阳江、清远等地。生于海拔700 ~ 1200 m之间较为阴湿的密林中。

大田顶杜鹃

Rhododendron datiandingense

杜鹃花科 Ericaceae

周欣欣 / 摄

濒危状况

《广东高等植物红色名录》DD（数据缺乏）

形态特征

附生灌木。叶倒披针形，先端钝。花4～7朵排成伞形花序式的总状花序，花冠黄色。花期6月，果期10月。

保护价值： 分布区域狭窄，花色优美，可作观赏花卉。

产地与生境： 见于茂名（信宜）。生于海拔1500 m以上的山顶。

乌檀

Nauclea officinalis

茜草科 Rubiaceae

别名：胆木

濒危状况

《广东高等植物红色名录》EN（濒危）

形态特征

乔木。顶芽两侧压扁，倒卵形。叶对生，纸质，椭圆形，稀倒卵形。头状花序单个顶生。果序中的小果融合，成熟时黄褐色，直径9～15 mm。花期夏季。

保护价值： 干燥茎是黎族著名药材，称为“胆木”，含有以生物碱为主的抗炎活性物质，药用历史悠久。

产地与生境： 见于广州（花都、从化）、韶关（乳源）、阳江（阳春）、茂名（信宜）、肇庆（高要）、清远（英德、连州、阳山）等地。生于较为湿润的山谷洼地及山体中、下坡，在缓坡的湿润沃土林内生长健壮。

潮州莸

Caryopteris alternifolia

唇形科 Lamiaceae

别名：互叶莸

注 潮州莸是广东省于2020年发现的新物种，是莸属中唯一具有互生叶的种类，因此也叫互叶莸。在野外仅发现潮州莸两个种群，其个体数量少于250株，为极小种群。

保护价值： 种群数量少，为极小种群野生植物。

产地与生境： 见于潮州（潮安）。生于涧中风化岩石缝、岩石凹槽上。

濒危状况

《广东高等植物红色名录》EN（濒危）

形态特征

常绿灌木。高10～20 cm，通常基部分枝。叶互生，线形至披针形。聚伞花序，花冠白色。花期11月至翌年1月，果期1—3月。

陈明丰 / 摄

雌花序

雄花序

小金冬青

Ilex xiaojinensis

冬青科 Aquifoliaceae

濒危状况

《广东高等植物红色名录》NT（近危）

形态特征

常绿灌木。高1～2 m。全株无毛。叶披针形。花序簇生于叶腋内。果通常单生或2个聚生于叶腋，近球形，直径约5 mm，具8条纵棱沟。花期3—5月，果期6—10月。

注 相比较于其他种类的冬青，小金冬青最容易识别的特征是其果具8条纵棱。

保护价值：广东省特有种，分布范围狭窄，可作观赏植物。

产地与生境：见于惠州（博罗）。生于沟旁密林中。

广东省重点保护陆生野生动物名录

序号	中文名	学名	备注
		脊索动物门 CHORDATA	
		哺乳纲 MAMMALIA	
	翼手目	**CHIROPTERA**	
	假吸血蝠科	**Megadermatidae**	
1	印度假吸血蝠	*Megaderma lyra*	
	菊头蝠科	**Rhinolophidae**	
2	贵州菊头蝠	*Rhinolophus rex*	
3	大菊头蝠	*Rhinolophus luctus*	
	蝙蝠科	**Vespertilionidae**	
4	彩蝠	*Kerivoula picta*	
	食肉目	**CARNIVORA**	
	獴科	**Herpestidae**	
5	红颊獴	*Herpestes javanicus*	
6	食蟹獴	*Herpestes urva*	
	偶蹄目	**ARTIODACTYLA**	
	鹿科	**Cervidae**	
7	赤麂	*Muntiacus vaginalis*	
8	小麂	*Muntiacus reevesi*	
	啮齿目	**RODENTIA**	
	松鼠科	**Sciuridae**	
9	红背鼯鼠	*Petaurista petaurista*	原名"棕鼯鼠"
	豪猪科	**Hystricidae**	
10	中国豪猪	*Hystrix hodgsoni*	原名"豪猪"
		鸟纲 AVES	
	雁形目	**ANSERIFORMES**	
	鸭科	**Anatidae**	
1	豆雁	*Anser fabalis*	
2	灰雁	*Anser anser*	
3	罗纹鸭	*Mareca falcata*	

（续表）

序号	中文名	学名	备注
4	白眼潜鸭	*Aythya nyroca*	
5	长尾鸭	*Clangula hyemalis*	
6	普通秋沙鸭	*Mergus merganser*	
7	红胸秋沙鸭	*Mergus serrator*	
	䴙䴘目	**PODICIPEDIFORMES**	
	䴙䴘科	**Podicipedidae**	
8	凤头䴙䴘	*Podiceps cristatus*	
	夜鹰目	**CAPRIMULGIFORMES**	
	雨燕科	**Apodidae**	
9	短嘴金丝燕	*Aerodramus brevirostris*	
	鹃形目	**CUCULIFORMES**	
	杜鹃科	**Cuculidae**	
10	紫金鹃	*Chrysococcyx xanthorhynchus*	
11	棕腹鹰鹃	*Hierococcyx nisicolor*	原名“棕腹杜鹃”
	鹤形目	**GRUIFORMES**	
	秧鸡科	**Rallidae**	
12	白喉斑秧鸡	*Rallina eurizonoides*	
13	红胸田鸡	*Zapornia fusca*	
14	董鸡	*Gallicrex cinerea*	
15	黑水鸡	*Gallinula chloropus*	
	鸻形目	**CHARADRIIFORMES**	
	蛎鹬科	**Haematopodidae**	
16	蛎鹬	*Haematopus ostralegus*	
	反嘴鹬科	**Recurvirostridae**	
17	黑翅长脚鹬	*Himantopus himantopus*	
18	反嘴鹬	*Recurvirostra avosetta*	
	鸻科	**Charadriidae**	
19	长嘴剑鸻	*Charadrius placidus*	
	鹬科	**Scolopacidae**	
20	斑尾塍鹬	*Limosa lapponica*	
21	中杓鹬	*Numenius phaeopus*	

（续表）

序号	中文名	学名	备注
22	红腹滨鹬	*Calidris canutus*	
	鸥科	**Laridae**	
23	三趾鸥	*Rissa tridactyla*	
24	细嘴鸥	*Chroicocephalus genei*	
25	渔鸥	*Ichthyaetus ichthyaetus*	
26	红嘴鸥	*Larus ridibundus*	*Chroicocephalus ridibundus**
27	黑尾鸥	*Larus crassirostris*	
28	普通海鸥	*Larus canus*	
29	灰翅鸥	*Larus glaucescens*	
30	小黑背银鸥	*Larus fuscus*	
31	西伯利亚银鸥	*Larus smithsonianus*	*Larus vegae**
32	灰背鸥	*Larus schistisagus*	
33	鸥嘴噪鸥	*Gelochelidon nilotica*	
34	红嘴巨燕鸥	*Hydroprogne caspia*	
35	白额燕鸥	*Sternula albifrons*	
36	白腰燕鸥	*Onychoprion aleuticus*	
37	褐翅燕鸥	*Onychoprion anaethetus*	
38	粉红燕鸥	*Sterna dougallii*	
39	黑枕燕鸥	*Sterna sumatrana*	
40	普通燕鸥	*Sterna hirundo*	
41	灰翅浮鸥	*Chlidonias hybrida*	
42	白翅浮鸥	*Chlidonias leucopterus*	
	贼鸥科	**Stercorariidae**	
43	中贼鸥	*Stercorarius pomarinus*	
44	短尾贼鸥	*Stercorarius parasiticus*	
45	长尾贼鸥	*Stercorarius longicaudus*	
	海雀科	**Alcidae**	
46	扁嘴海雀	*Synthliboramphus antiquus*	
47	长嘴斑海雀	*Brachyramphus perdix*	
	潜鸟目	**GAVIIFORMES**	

（续表）

序号	中文名	学名	备注
	潜鸟科	**Gaviidae**	
48	红喉潜鸟	*Gavia stellata*	
	鹱形目	**PROCELLARIIFORMES**	
	海燕科	**Hydrobatidae**	
49	黑叉尾海燕	*Hydrobates monorhis*	
	鹈形目	**PELECANIFORMES**	
	鹭科	**Ardeidae**	
50	大麻鳽	*Botaurus stellaris*	
51	黄斑苇鳽	*Ixobrychus sinensis*	
52	紫背苇鳽	*Ixobrychus eurhythmus*	
53	栗苇鳽	*Ixobrychus cinnamomeus*	
54	黑苇鳽	*Ixobrychus flavicollis*	
55	绿鹭	*Butorides striata*	
56	夜鹭	*Nycticorax nycticorax*	
57	池鹭	*Ardeola bacchus*	
58	牛背鹭	*Bubulcus ibis*	*Bubulcus coromandus**
59	苍鹭	*Ardea cinerea*	
60	草鹭	*Ardea purpurea*	
61	大白鹭	*Ardea alba*	
62	中白鹭	*Ardea intermedia*	
63	白鹭	*Egretta garzetta*	
	佛法僧目	**CORACIIFORMES**	
	佛法僧科	**Coraciidae**	
64	三宝鸟	*Eurystomus orientalis*	
	翠鸟科	**Alcedinidae**	
65	蓝翡翠	*Halcyon pileata*	
66	冠鱼狗	*Megaceryle lugubris*	
67	斑鱼狗	*Ceryle rudis*	
	啄木鸟目	**PICIFORMES**	
	拟啄木鸟科	**Capitonidae**	
68	黄纹拟啄木鸟	*Psilopogon faiostrictus*	

（续表）

序号	中文名	学名	备注
	啄木鸟科	**Picedae**	广东分布的啄木鸟科所有种（蚁䴕和国家重点除外）
69	斑姬啄木鸟	*Picumnus innominatus*	
70	白眉棕啄木鸟	*Sasia ochracea*	
71	星头啄木鸟	*Dendrocopos canicapillus*	*Picoides canicapillus* *
72	大斑啄木鸟	*Dendrocopos major*	
73	栗啄木鸟	*Micropternus brachyurus*	
74	灰头绿啄木鸟	*Picus canus*	
75	竹啄木鸟	*Gecinulus grantia*	
76	黄嘴栗啄木鸟	*Blythipicus pyrrhotis*	
	雀形目	**PASSERIFORMES**	
	王鹟科	**Monarchindae**	
77	寿带	*Terpsiphone incei*	
78	紫寿带	*Terpsiphone atrocaudata*	
	伯劳科	**Laniidae**	
79	牛头伯劳	*Lanius bucephalus*	
80	栗背伯劳	*Lanius collurioides*	
	鸦科	**Corvidae**	
81	白颈鸦	*Corvus pectoralis*	
	山雀科	**Paridae**	
82	杂色山雀	*Sittiparus varius*	
	百灵科	**Alaudidae**	
83	小云雀	*Alauda gulgula*	
	蝗莺科	**Locustellidae**	
84	矛斑蝗莺	*Locustella lanceolata*	
85	东亚蝗莺	*Locustella pleskei*	
	幽鹛科	**Pellorneidae**	
86	中华草鹛	*Graminicola striatus*	
	莺鹛科	**Sylviidae**	
87	金色鸦雀	*Suthora verreauxi*	

（续表）

序号	中文名	学名	备注
	鸫科	**Turdidae**	
88	白眉地鸫	*Geokichla sibirica*	
89	黑胸鸫	*Turdus dissimilis*	
90	赤胸鸫	*Turdus chrysolaus*	
	鹟科	**Muscicapidae**	
91	日本歌鸲	*Larvivora akahige*	
92	绿背姬鹟	*Ficedula elisae*	
93	海南蓝仙鹟	*Cyornis hainanus*	
	燕雀科	**Fringillidae**	
94	黑尾蜡嘴雀	*Eophona migratoria*	
95	黑头蜡嘴雀	*Eophona personata*	
	鹀科	**Emberizidae**	广东分布的鹀科所有种（国家重点除外）
96	凤头鹀	*Melophus lathami*	
97	三道眉草鹀	*Emberiza cioides*	
98	白眉鹀	*Emberiza tristrami*	
99	栗耳鹀	*Emberiza fucata*	
100	小鹀	*Emberiza pusilla*	
101	黄眉鹀	*Emberiza chrysophrys*	
102	田鹀	*Emberiza rustica*	
103	黄喉鹀	*Emberiza elegans*	
104	栗鹀	*Emberiza rutila*	
105	硫黄鹀	*Emberiza sulphurata*	
106	灰头鹀	*Emberiza spodocephala*	
107	芦鹀	*Emberiza schoeniclus*	
		爬行纲 REPTILIA	
	有鳞目	**SQUAMATA**	
	壁虎科	**Gekkonidae**	
1	梅氏壁虎	*Gekko melli*	
	鬣蜥科	**Agamidae**	
2	条纹龙蜥	*Diploderma fasciatum*	

（续表）

序号	中文名	学名	备注
	蜥蜴科	**Lacertidae**	
3	崇安草蜥	*Takydromus sylvaticus*	
4	天井山草蜥	*Takydromus albomaculosus*	
	双足蜥科	**Dibamidae**	
5	白尾双足蜥	*Dibamus bourreti*	
	游蛇科	**Colubridae**	
6	广东颈槽蛇	*Rhabdophis guangdongensis*	
7	刘氏后棱蛇	*Opisthotropis laui*	
8	深圳后棱蛇	*Opisthotropis shenzhenensis*	
9	张氏后棱蛇	*Opisthotropis hungtai*	
10	方花蛇	*Archelaphe bellus*	
	眼镜蛇科	**Elapidae**	
11	金环蛇	*Bungarus fasciatus*	
	蝰科	**Viperidae**	
12	白头蝰	*Azemiops kharini*	
13	越南烙铁头蛇	*Ovophis tonkinensis*	
14	台湾烙铁头蛇	*Ovophis makazayazaya*	
		两栖纲 AMPHIBIA	
	无尾目	**ANURA**	
	角蟾科	**Megophryidae**	广东分布的角蟾科所有种（国家重点除外）
1	刘氏掌突蟾	*Leptobrachella laui*	
2	云开掌突蟾	*Leptobrachella yunkiaensis*	
3	封开角蟾	*Panophrys acuta*	
4	东莞角蟾	*Panophrys dongguanensis*	
5	短肢角蟾	*Panophrys brachykolos*	
6	南昆山角蟾	*Panophrys nankunensis*	
7	黑石顶角蟾	*Panophrys obesa*	
8	石门台角蟾	*Panophrys shimentaina*	
	树蛙科	**Rhacophoridae**	

（续表）

序号	中文名	学名	备注
9	峨眉树蛙	*Zhangixalus omeimontis*	
10	黑眼睑纤树蛙	*Gracixalus gracilipes*	
11	侧条费树蛙	*Rohanixalus vittata*	
12	费氏刘树蛙	*Liuixalus feii*	
节肢动物门 ARTHROPODA			
昆虫纲 INSECTA			
	蜻蜓目	**ODONATA**	
	蜓科	**Aeshnidae**	
1	鼎湖头蜓	*Cephalaeschna dinghuensis*	
	螳螂目	**MANTODEA**	
	怪螳科	**Amorphoscelidae**	
2	中华怪螳	*Amorphoscelis chinensis*	
	半翅目	**HEMIPTERA**	
	黾蝽科	**Gerridae**	
3	巨黾	*Gigantometra gigas*	

注：*代表该物种的学名有异名，其来源于郑光美主编的《中国鸟类分类与分布名录（第四版）》。

广东省重点保护野生植物名录

序号	中文名	学名	备注
	石松类和蕨类植物 Lycophytes & Ferns		
	双扇蕨科	**Dipteridaceae**	
1	中华双扇蕨	*Dipteris chinensis*	
	裸子植物 Gymnosperms		
	松科	**Pinaceae**	
2	长苞铁杉	*Nothotsuga longibracteata*	
	罗汉松科	**Podocarpaceae**	
3	长叶竹柏	*Nageia fleuryi*	
	红豆杉科	**Taxaceae**	
4	宽叶粗榧	*Cephalotaxus latifolia*	
	被子植物 Angiosperms		
	睡莲科	**Nymphaeaceae**	
5	睡莲*	*Nymphaea tetragona*	
	马兜铃科	**Aristolochiaceae**	
6	鼎湖细辛	*Asarum magnificum* var. *dinghuense*	
	木兰科	**Magnoliaceae**	
7	长梗木莲	*Manglietia longipedunculata*	
8	观光木	*Michelia odora*	
9	乐东拟单性木兰	*Parakmeria lotungensis*	
	樟科	**Lauraceae**	
10	沉水樟	*Cinnamomum micranthum*	其他常用学名：*Camphora micrantha*
	猪笼草科	**Nepenthaceae**	
11	猪笼草	*Nepenthes mirabilis*	
	兰科	**Orchidaceae**	
12	芳香石豆兰	*Bulbophyllum ambrosia*	
13	二色卷瓣兰	*Bulbophyllum bicolor*	其他常用中文名：二色石豆兰
14	广东石豆兰	*Bulbophyllum kwangtungense*	

（续表）

序号	中文名	学名	备注
15	密花石豆兰	*Bulbophyllum odoratissimum*	
16	乐昌虾脊兰	*Calanthe lechangensis*	
17	细叶石仙桃	*Pholidota cantonensis*	
18	石仙桃	*Pholidota chinensis*	
19	广东万代兰	*Vanda fuscoviridis*	
	兰花蕉科	**Lowiaceae**	
20	兰花蕉	*Orchidantha chinensis*	
	姜科	**Zingiberaceae**	
21	从化山姜	*Alpinia conghuaensis*	
22	大豆蔻*	*Hornstedtia hainanensis*	
	阿丁枫科	**Altingiaceae**	
23	半枫荷	*Semiliquidambar cathayensis*	
	鼠刺科	**Iteaceae**	
24	阳春鼠刺	*Itea yangchunensis*	
	葡萄科	**Vitaceae**	
25	乳源葡萄	*Vitis ruyuanensis*	
	豆科	**Fabaceae**	
26	鼎湖双束鱼藤	*Aganope dinghuensis*	其他常用中文名：鼎湖鱼藤
	桑科	**Moraceae**	
27	见血封喉	*Antiaris toxicaria*	
	秋海棠科	**Begoniaceae**	
28	紫背天葵*	*Begonia fimbristipula*	
	千屈菜科	**Lythraceae**	
29	广东紫薇	*Lagerstroemia fordii*	
	柿科	**Ebenaceae**	
30	丹霞柿*	*Diospyros danxiaensis*	
31	小果柿*	*Diospyros vaccinioides*	其他常用中文名：乌饭叶柿
	报春花科	**Primulaceae**	
32	走马胎	*Ardisia kteniophylla*	

（续表）

序号	中文名	学名	备注
33	广东报春	*Primula kwangtungensis*	
	山茶科	**Theaceae**	
34	大苞白山茶	*Camellia granthamiana*	
	安息香科	**Styracaceae**	
35	银钟花	*Halesia macgregorii*	其他常用学名：*Perkinsiodendron macgregorii*
	杜鹃花科	**Ericaceae**	
36	大田顶杜鹃	*Rhododendron datiandingense*	
	茜草科	**Rubiaceae**	
37	乌檀	*Nauclea officinalis*	
	唇形科	**Lamiaceae**	
38	潮州莸	*Caryopteris alternifolia*	其他常用中文名：互叶莸
	冬青科	**Aquifoliaceae**	
39	小金冬青	*Ilex xiaojinensis*	

注：1. 标*者归农业农村主管部门分工管理（共5种），其余归林业主管部门分工管理（共34种）。

2. 本《名录》物种名称参考《中国生物物种名录2021版》，同时参考我国目前最新的分类学和系统学研究成果。

3. 本《名录》共39种，其中石松类和蕨类植物1种，裸子植物共3种，被子植物共35种。

4. 本《名录》所保护的对象仅指《中华人民共和国野生植物保护条例》定义的野生植物。

5. “沉水樟”“银钟花”的学名与学术界最新研究成果推荐的学名存在差异，其备注内容均为编者所加。

中文名索引

野生动物

S

T

X

Y

Z

野生植物

学名索引

野生动物

野生植物

参考文献

［1］刘阳，陈水华，2021. 中国鸟类观察手册 [M]. 长沙：湖南科学技术出版社 .

［2］约翰・马敬能，卡伦・菲利普斯，2000. 中国鸟类野外手册 [M]. 何芬奇，译 . 长沙：湖南教育出版社 .

［3］史密斯，2009. 中国兽类野外手册 [M]. 解焱，译 . 长沙：湖南教育出版社 .

［4］中国动物主题数据库：http://www.zoology.csdb.cn.

［5］邹发生，叶冠锋，2016. 广东省陆生脊椎动物分布名录 [M]. 广州：广东科技出版社 .

［6］中国观鸟记录中心：http://www.birdreport.cn.

［7］广东省林业局，2021.《广东省重点保护陆生野生动物名录》，粤林〔2021〕18 号 .

［8］中国动物学会鸟类学分会，2024. 中国观鸟年报 2023 [M]. 北京：中国动物学会鸟类学分会 .

［9］中国动物学会鸟类学分会，2023. 中国观鸟年报 2022 [M]. 北京：中国动物学会鸟类学分会 .

［10］郑光美，2023. 中国鸟类分类与分布名录（第四版）[M]. 北京：科学出版社 .

［11］中国科学院《中国植物志》编辑委员会，1984. 中国植物志 [M]. 北京：科学出版社 .

［12］邱迎君，易官美，宁祖林，等，2011. 濒危植物长苞铁杉的地理分布和资源现状及致危因素分析 [J]. 植物资源与环境学报，20(1):53-59.

［13］史春伟，2012. 亟待保护的珍稀植物 [M]. 芜湖：安徽师范大学出版社 .

[14] 叶冬梅，余恩萍，龚军凡，等，2023. 广东野生猪笼草的群落学与土壤养分特征 [J]. 热带林业，51(3):9-15.

[15] 梅文莉，干玉娟，戴好富，2008. 见血封喉化学成分与药理活性研究进展 [J]. 中草药，39(1):151-154.

[16] 王瑞江，2022.《广东省高等植物红色名录》[M]. 郑州：河南科学技术出版社 .

[17] 国家中医药管理局《中华本草》编委会，2020. 中华本草 [M]. 上海：上海科技出版社 .

[18] 周泽建，2000. 林药复合种植走马胎植物生长与生理生态特性 [D]. 北京 : 中央民族大学，5:495.

[19] 杨建芬，刘金梅，黄云香，等，2013. 不同植物生长调节剂对大苞白山茶叶片愈伤组织诱导的影响 [J]. 广东农业科学，40(7):152-154.

[20] 张俊杰，周锶佳，刘沛，等，2022. 基于 MaxEnt 和 ArcGIS 的乌檀生长适应性区划研究 [J]. 中国野生植物资源，41(3):76-80.

[21] 廖景平，黄向旭，吴德邻，等，2000. 广东山姜属一新种：从化山姜 [J]. 植物分类学报，38(6):563.

[22] 王英强，陈邦余，1995. 广东植物新类群 [J]. 热带亚热带植物学报，3(1).29-33.

[23] 童毅华，夏念和，2019. 丹霞柿，广东柿属（柿科）一新组合及其一新异名 [J] 热带亚热带植物学报，27（3）：346-348.

[24] Chen Y S, Xiang C X, Xu LS et al. 2020. Caryopteris alternifolia (Ajupideae, Lamiaceae), a distinct new species from Guangdong, China [J]. Phytotaxa 461 (1): 62 - 68.

[25] 中国科学院华南植物园，2009.《广东植物志》[M]. 广州：广东科技出版社 .